複素解析の神秘性

～複素数で素数定理を証明しよう！～

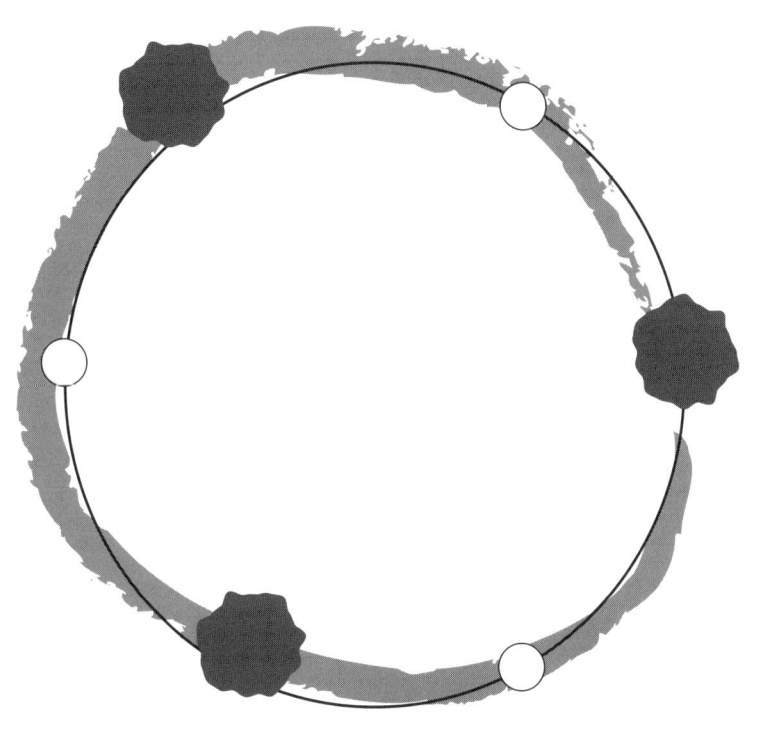

研伸館　数学科
吉田　信夫

まえがき

　虚数単位 $i=\sqrt{-1}$ に初めて出会ったときの衝撃は，数学人生の中でもひときわ大きなものでしょう．「-1 の平方根などという実際には存在しない数を考えてどうするの？」と感じたのではないでしょうか．もちろん，数学の対象は現実世界にあるものでなく，概念として人の頭の中に存在するものですから，「そういうものも考えることはできるな」と受け入れることはできます．また，2次方程式の解の公式などを使っていると，虚数解は避けて通れないですから，渋々受け入れたという記憶があるかも知れません．

　しかし，複素数は"虚"なものでは決してなく，これなしでは数学を議論できないほど"巨"大な存在になっています．

　特に，複素関数(複素数を代入して複素数を得る関数)を微分，積分することで，様々なことが証明できています．複素関数の一例として，

$$f(z)=z^2$$

というのは，$z=x+iy$ (x, y は実数) とおいて，

$$f(z)=(x+iy)^2=x^2+2xiy+(iy)^2$$
$$=x^2-y^2+2xyi$$

と計算するものです．

複素解析という複素関数を微積分する分野での，最重要公式は『コーシーの積分公式』というものです．登場する式は

$$f(\alpha) = \frac{1}{2\pi i} \int_C \frac{f(z)}{z-\alpha} dz$$

というもので，「ある条件を満たす複素関数 $f(z)$ では，$z=\alpha$ を代入した値と，$f(z)$ を $z-\alpha$ で割った関数の積分値に密接な関係がある」という不思議な公式です．本書では，高校数学の数学Ⅲの知識を仮定して，複素解析の考え方を理解してもらい，コーシーの積分公式を実感してもらいます．

　それだけでは複素解析の真の面白さは伝わらないので，証明が難解なことで有名な『素数定理』を証明してみます．簡単にいうと，「十分大きい実数 x に対して，

$$(x\text{ 以下の素数の個数}) \fallingdotseq \frac{x}{\log x}$$

となる」いうもので,正しくは極限を用いて表現されます．"素数の存在確率"がだいたい分かるという，衝撃的な公式です．

　証明については，1980 年の Newman の論文をもとに，1997 年に Zagier が発表した論文を参考にしています．ちなみに，素数定理が証明されたのは 1896 年で，Zagier の論文は

素数定理生誕 100 周年記念の作品だったようで，"Dedicated to the Prime Number Theorem on the ocasion of its 100th birthday" とあります．

　本書では，複素解析の理論を厳密に展開するわけではありません．これで複素解析をマスターできるとは思わないでください．複素解析の存在価値を知ってもらい，「もっと詳しく勉強したい」と思っていただくことが目的です．

　また，解析分野の基本事項についても，イメージを伝えるにとどめます．詳細は例えば，

　参考文献 [1]：解析概論　高木貞治　岩波書店

などを参照してください．

　また，本書のもとになる論文：Newman's Short Proof of the Prime Number Theorem は「4 ページで素数定理を証明する」という面白いものです．興味をお持ちであれば，インターネットで検索してみてください．

研伸館　数学科

吉田　信夫

目　　次

0. 基本事項をまとめておこう　　　　　1
1. 証明の流れをみておこう　　　　　27
2. 無限級数と無限積について　　　　55
3. ベキ級数とオイラーの公式　　　　69
4. 正則関数とその性質　　　　　　　91
5. 正則性と解析性　　　　　　　　115
6. 複素積分とコーシーの積分公式　139
7. 素数定理の証明の完結　　　　　161
8. 複素解析の応用例　　　　　　　185

0. 基本事項をまとめておこう

0. 基本事項をまとめておこう

　第0章では，本書で用いる基本事項を確認しておきます．

　複素解析の雰囲気を理解するために必要なものは，複素平面と高校数学Ⅲの微分積分です．

1. 複素平面

　複素数 z というのは，**虚数単位 $i=\sqrt{-1}$ と2つの実数 a, b** を用いて

$$z = a + bi$$

と表せる数のことです（$a=\mathrm{Re}(z)$：z の実部，$b=\mathrm{Im}(z)$：z の虚部）．これは「実在するのか？」と考えるものではなく，"**数学という現実から乖離した世界の中に存在する数**" と考えるべきものです．計算するときには，『$i^2=-1$』に注意する以外は，**文字式と同様の計算ルール**で行います．例えば，

$$\begin{aligned}
(2+3i)(2-5i) &= 2(2-5i) + 3i(2-5i) \\
&= 4 - 10i + 6i - 15i^2 \\
&= 4 - 4i - 15(-1) \\
&= 19 - 4i
\end{aligned}$$

となります．また，分母の i を消去するための "**分母の実数化**" という計算もあります．

$$\frac{1}{4+3i}=\frac{4-3i}{(4+3i)(4-3i)}=\frac{4-3i}{16-9i^2}=\frac{4-3i}{25}$$

ここで，$4+3i$ と $4-3i$ のように虚部の符号だけが逆になった2つの複素数は，"共役"であるといいます．また，「$4-3i$ は $4+3i$ の"共役複素数"」ということもあります．

例えば，

$$\overline{4+3i}=4-3i$$

のように，複素数の上に線を引くことで共役複素数を表します．また，$z=a+bi$ の"絶対値 $|z|$"とは

$$|z|=\sqrt{a^2+b^2}$$

のことですが，実は，共役複素数との積を考えると，

$$z\bar{z}=(a+bi)(a-bi)=a^2-b^2i^2=a^2+b^2$$
$$=|z|^2$$

となっています．また，共役との和や差を考えたら，

$$z+\bar{z}=(a+bi)+(a-bi)=2a,$$
$$z-\bar{z}=(a+bi)-(a-bi)=2bi$$
$$\therefore\quad \mathrm{Re}(z)=\frac{z+\bar{z}}{2},\ \mathrm{Im}(z)=\frac{z-\bar{z}}{2i}$$

となることも分かります．

3

実は，複素数に図形的な意味を与えることができます．それが"複素平面"の考え方です．とは言っても，ただ単に，『**複素数 $z=a+bi$ を xy 平面の点 (a, b) で表す**』だけです．

　例えば，$4+3i$ を表す点は $(4, 3)$ で，共役複素数の $4-3i$ を表す点は $(4, -3)$ です．ただし，複素平面として考える場合，x 軸，y 軸をそれぞれ"**実軸**"，"**虚軸**"と呼びます．

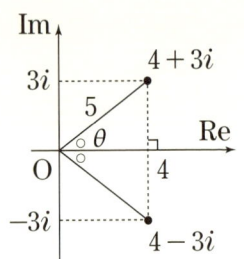

　実際に図にしてみると右のようになり，『**共役の関係が実軸対称**』として見えます．また，絶対値は

$$4^2+3^2=25 \quad \therefore \quad |4+3i|=5$$

ですが，これは『**原点から $(4, 3)$ までの距離**』という図形的な意味があります．さらに，図の角度 θ を用いると，

$$4+3i=5(\cos\theta+i\sin\theta)$$

と表すことができ，この右辺の表記法を"**極形式**"と呼びます．また，θ を"**偏角**"と呼びますが，

$$\theta, \ \theta\pm 2\pi, \ \theta\pm 4\pi, \ \cdots\cdots$$

もすべて偏角です (一般角では $\theta+2n\pi$ (n は整数))．

0．基本事項をまとめておこう

《極形式で表現するメリットはあるのでしょうか？》

実は，極形式で表された2数の積は，三角関数の加法定理

$$\sin(\alpha+\beta)=\sin\alpha\cos\beta+\cos\alpha\sin\beta,$$
$$\cos(\alpha+\beta)=\cos\alpha\cos\beta-\sin\alpha\sin\beta$$

を用いると，

$$(絶対値\ p,\ 偏角\ \alpha)\times(絶対値\ q,\ 偏角\ \beta)$$
$$=p(\cos\alpha+i\sin\alpha)\times q(\cos\beta+i\sin\beta)$$
$$=pq\{(\cos\alpha\cos\beta-\sin\alpha\sin\beta)$$
$$\qquad+i(\sin\alpha\cos\beta+\cos\alpha\sin\beta)\}$$
$$=pq\{\cos(\alpha+\beta)+i\sin(\alpha+\beta)\}$$
$$=(絶対値\ pq,\ 偏角\ \alpha+\beta)$$

と計算できてしまいます．

まとめると，

『"積の絶対値" は "絶対値の積"』
『"積の偏角" は "偏角の<u>和</u>"』

という法則です．

これを繰り返し用いて証明できる公式"ド・モアブルの定理"は有名です．

5

ド・モアブルの定理

整数 n に対し,

$$(\cos\theta + i\sin\theta)^n = \cos(n\theta) + i\sin(n\theta)$$

が成り立つ.

また,三角関数の相互関係

$$\cos^2\theta + \sin^2\theta = 1$$

から,"絶対値が1の複素数"は,

$$z = \cos\theta + i\sin\theta$$

という形で表せます.さらに,絶対値が1のとき,逆数は

$$\frac{1}{z} = \frac{1}{\cos\theta + i\sin\theta} = \frac{\cos\theta - i\sin\theta}{\cos^2\theta + \sin^2\theta} = \cos\theta - i\sin\theta$$
$$= \bar{z}$$

となり,『共役複素数と逆数が一致』しています.これについては,

$$z\bar{z} = |z|^2 = 1 \quad \therefore \quad \bar{z} = \frac{1}{z}$$

と考えることもできます.

一般的に，共役複素数は，

$$\overline{r(\cos\theta + i\sin\theta)} = r(\cos\theta - i\sin\theta)$$
$$= r(\cos(-\theta) + i\sin(-\theta))$$

となり，極形式で言うと，

『絶対値は一致，偏角は符号が逆転』

という複素数です．

2. 高校数学Ⅲの微分積分

ここでは,実数値関数の微分積分の理論を確認します.高校数学Ⅱの内容から始め,高校数学Ⅲまで理論を展開していきます.

関数 $f(x)$ の"導関数 $f'(x)$"というのは,

$$f'(x) = \lim_{h \to 0} \frac{f(x+h) - f(x)}{h}$$

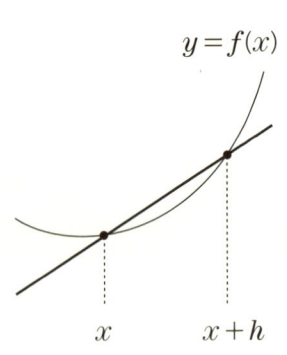

のことです.正しくは,『**右辺の極限が収束する**』ことが分かったときに"$f(x)$ は微分可能"といい,$f'(x)$ を求めることを"微分する"といいます.例えば,

$$(a+b)^3 = a^3 + 3a^2b + 3ab^2 + b^3$$

を用いて計算すると,

$$\begin{aligned}(x^3)' &= \lim_{h \to 0} \frac{(x+h)^3 - x^3}{h} \\ &= \lim_{h \to 0} \frac{x^3 + 3x^2h + 3xh^2 + h^3 - x^3}{h} \\ &= \lim_{h \to 0} \frac{3x^2h + 3xh^2 + h^3}{h} = \lim_{h \to 0}(3x^2 + 3xh + h^2) \\ &= 3x^2\end{aligned}$$

です．一般に，自然数 n に対し

$$(x^n)' = nx^{n-1}$$

となります．

《何のために微分するのでしょうか？》

『導関数に $x=a$ などを代入した値 $f'(a)$』は $x=a$ における $f(x)$ の"微分係数"といいます．微分係数は，その点における $y=f(x)$ の"接線の傾き"を表しています．

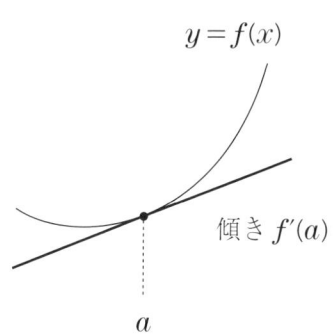

ゆえに，

$f'(x) > 0 \;\Rightarrow\; f(x)$ のグラフは右上がり

$f'(x) < 0 \;\Rightarrow\; f(x)$ のグラフは右下がり

となります．さらに，$f'(a)=0$ となる $x=a$ 周辺で $y=f(x)$ のグラフは下図のような形です．

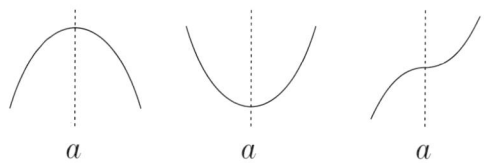

図の，山や谷のところを"極値点"といい，y座標を"極値"といいます（極大値と極小値）．

以上のように，微分によって分かるのは，

『グラフの増減，極値』と『接線の傾き』

です．

続いて，積分の確認に移ります．

微分して$f(x)$になる関数のことを"$f(x)$の原始関数"といい，原始関数を求める計算は"積分"といいます（正しくは，"不定積分"です）．

例えば，

$$\int x^2 dx = \frac{1}{3}x^3 + C \quad （Cは積分定数）$$

と書きます．数字は微分すると0になるので，原始関数は，定数項が何でも良いのです．それを表現するのに積分定数を用いています．

さらに，$f(x)$の原始関数の1つを$F(x)$としたとき，

$$F(b) - F(a)$$

を"定積分"といいます．実際に計算するときは，

0. 基本事項をまとめておこう

$$\int_a^b f(x)\,dx = \bigl[F(x)\bigr]_a^b = F(b) - F(a)$$

とします．つまり，まず [ ] の中に原始関数を書き，

(上の数を代入) − (下の数を代入)

を計算する，ということです．

《定積分にはどんな意味があるのでしょうか？》

『定積分は面積』を表すのです．

正しくは，『被積分関数が 0 以上の値をとるとき，$a \leq x \leq b$ の範囲で x 軸と $y = f(x)$ の間の面積』を表しています．

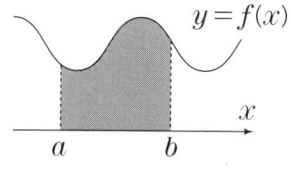

ここまでは高校数学 II の微分積分範囲の内容です．数学 III の確認前に，数学 II の具体例をみておきましょう．

≪例≫――――――――――――――――――――――

$$f(x) = x^4 - 4x^3$$

とおき，$y = f(x)$ のグラフを C とおきます．

$f(1) = -3$ より，$(1, -3)$ は C 上にあります．この点における C の接線を求めてみましょう．

$f(x)$ の導関数

$$f'(x) = 4x^3 - 12x^2$$

に "$x = 1$ を代入" すると

$$f'(1) = 4 - 12 = -8$$

なので，"接線の傾き" は -8 です．

しかも，$(1, -3)$ を通るので，

$$y = -8(x - 1) - 3 \quad \therefore \quad y = -8x + 5$$

が接線の方程式です．

次に，グラフを描いてみます．そのためには，"$f'(x)$ の符号と 0 になる x" が必要ですから，因数分解します．

$$f'(x) = 4x^3 - 12x^2 = 4x^2(x - 3)$$

と因数分解できます．

0．基本事項をまとめておこう

$f'(x)$ の符号が図のように分かるので，$f(x)$ の"増減表"を作成できます．

x	$\cdots$	0	$\cdots$	3	$\cdots$
$f'(x)$	$-$	0	$-$	0	$+$
$f(x)$	↘	0	↘	-27	↗

これをもとに，グラフ C を描くことができます．

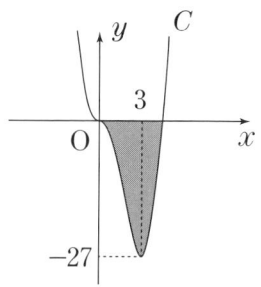

次に面積を求めてみます．図の中で色を付けた部分の面積は，どうすれば求められるでしょうか？

$0 \leqq x \leqq 3$ で $f(x) \leqq 0$ なので，$f(x)$ をそのまま積分すると，面積にマイナスを付けた値になってしまいます．よって，

$$\int_0^3 \{-f(x)\}\,dx = \int_0^3 (-x^4 + 4x^3)\,dx$$
$$= \left[-\frac{1}{5}x^5 + x^4\right]_0^3$$
$$= \frac{162}{5}$$

が，正しい面積の計算法です．

数Ⅱ範囲の確認は以上です．

では，数学Ⅲ微分積分の公式の確認に移りましょう．

まず，基本計算公式を，微分と積分を対にして挙げていきます (積分定数は省略)．

（微分）　　　　　　　　（積分）

$(x^r)' = rx^{r-1}$　　　　　　$\int x^{r-1} dx = \dfrac{1}{r}x^r \quad (r \neq 0)$

$(\sin x)' = \cos x$　　　　　$\int \cos x \, dx = \sin x$

$(\cos x)' = -\sin x$　　　　$\int \sin x \, dx = -\cos x$

$(\tan x)' = \dfrac{1}{\cos^2 x}$　　　　$\int \dfrac{1}{\cos^2 x} dx = \tan x$

$(e^x)' = e^x$　　　　　　　$\int e^x \, dx = e^x$

$(\log|x|)' = \dfrac{1}{x}$　　　　　$\int \dfrac{1}{x} dx = \log|x|$

さらに，応用公式も挙げておきます．

≪積の微分公式≫
$$(f(x)g(x))' = f'(x)g(x) + f(x)g'(x)$$

これを積分に直すと次の公式になります．

≪部分積分の公式≫
$$\int f(x)g'(x)\,dx = f(x)g(x) - \int f'(x)g(x)\,dx$$

例えば，

$$(xe^x)' = (x)'e^x + x(e^x)'$$
$$= e^x + xe^x = (x+1)e^x$$

です．また，部分積分の定積分バージョンは

$$\int_0^1 xe^x \, dx = \int_0^1 x(e^x)' \, dx$$
$$= \left[xe^x\right]_0^1 - \int_0^1 (x)'e^x \, dx$$
$$= e - 0 - \int_0^1 e^x \, dx$$
$$= e - \left[e^x\right]_0^1 = e - (e-1)$$
$$= 1$$

となります．

どんどんいきましょう．

≪商の微分公式≫

$$\left(\frac{g(x)}{f(x)}\right)' = \frac{g'(x)f(x) - g(x)f'(x)}{\{f(x)\}^2}$$

次は，よく使う公式です．

≪合成関数の微分公式≫

$$\{f(g(x))\}' = f'(g(x)) \times g'(x)$$

合成関数の微分公式の使い方をみておきます．

例えば，

$$(\sin x)' = \cos x$$

ですが，$\sin(x^2+1)$ を微分するとどうなるでしょうか？

単純に，x^2+1 を代入しただけの

$$\cos(x^2+1)$$

となれば良いのですが，残念ながらそうはいかず，

$$(x^2+1)' = 2x$$

を掛けなければならないのです．つまり，

$$\{\sin(x^2+1)\}' = 2x\cos(x^2+1)$$

です．他には，

$$\begin{aligned}(\sin^3 x)' &= \{(\sin x)^3\}' \\ &= 3\sin^2 x \times (\sin x)' \\ &= 3\sin^2 x \cos x\end{aligned}$$

などです．

まとめておきましょう．微分できる関数の x の場所に，何らかの関数●が入っていたら，次のように微分できます．

0．基本事項をまとめておこう

（オリジナル）	（合成）
$(x^r)' = rx^{r-1}$	$(\bullet^r)' = r\bullet^{r-1} \times \bullet'$
$(\sin x)' = \cos x$	$(\sin\bullet)' = \cos\bullet \times \bullet'$
$(\cos x)' = -\sin x$	$(\cos\bullet)' = -\sin\bullet \times \bullet'$
$(\tan x)' = \dfrac{1}{\cos^2 x}$	$(\tan\bullet)' = \dfrac{1}{\cos^2\bullet} \times \bullet'$
$(e^x)' = e^x$	$(e^\bullet)' = e^\bullet \times \bullet'$
$(\log|x|)' = \dfrac{1}{x}$	$(\log|\bullet|)' = \dfrac{1}{\bullet} \times \bullet'$

では，これを積分版に直してみましょう．

（微分）	（積分）
$(\bullet^r)' = r\bullet^{r-1} \times \bullet'$	$\displaystyle\int r\bullet^{r-1} \times \bullet'\, dx = \bullet^r$
$(\sin\bullet)' = \cos\bullet \times \bullet'$	$\displaystyle\int \cos\bullet \times \bullet'\, dx = \sin\bullet$
$(\cos\bullet)' = -\sin\bullet \times \bullet'$	$\displaystyle\int \sin\bullet \times \bullet'\, dx = -\cos\bullet$
$(\tan\bullet)' = \dfrac{1}{\cos^2\bullet} \times \bullet'$	$\displaystyle\int \dfrac{1}{\cos^2\bullet} \times \bullet'\, dx = \tan\bullet$
$(e^\bullet)' = e^\bullet \times \bullet'$	$\displaystyle\int e^\bullet \times \bullet'\, dx = e^\bullet$
$(\log|\bullet|)' = \dfrac{1}{\bullet} \times \bullet'$	$\displaystyle\int \dfrac{1}{\bullet} \times \bullet'\, dx = \log|\bullet|$

となります（積分定数は省略）．例えば，

$$\int_0^{\frac{\pi}{2}} \sin^3 x \cos x\, dx = \int_0^{\frac{\pi}{2}} \sin^3 x (\sin x)'\, dx$$
$$= \left[\dfrac{1}{4}\sin^4 x\right]_0^{\frac{\pi}{2}} = \dfrac{1}{4}$$

$$\int_0^{\frac{\pi}{4}} \tan x \, dx = \int_0^{\frac{\pi}{4}} \frac{\sin x}{\cos x} \, dx = \int_0^{\frac{\pi}{4}} \frac{-(\cos x)'}{\cos x} \, dx$$
$$= \bigl[-\log(\cos x)\bigr]_0^{\frac{\pi}{4}} = -\log \frac{1}{\sqrt{2}} + \log 1$$
$$= \frac{1}{2} \log 2$$

です．これを一般化すると，

$$\int_a^b f(g(x))g'(x) \, dx$$
$$= \bigl[F(g(x))\bigr]_a^b$$
$$= F(g(b)) - F(g(a))$$
$$= \bigl[F(X)\bigr]_\alpha^\beta \quad (\beta = g(b), \ \alpha = g(a))$$
$$= \int_\alpha^\beta f(X) \, dX$$

となるので，以下のように考えることができます．

≪置換積分の公式≫

$g(x) = X$ とおくと，$\beta = g(b)$, $\alpha = g(a)$ として

$$\int_a^b f(g(x))g'(x) \, dx = \int_\alpha^\beta f(X) \, dX$$

となる (形式的に $g'(x) \, dx = dX$ となることに注意！).

場合によっては，$g(x) = X$ を $x = h(X)$ のように書き直した形にすることもあります．

例えば,「$X = e^x$ とおく」のと「$x = \log X$ とおく」のは同じことですよね. 例をみておきましょう.

$\int_0^1 \dfrac{e^x}{e^x + 1} dx$ を求めたいとします.
$e^x = X$ とおくと,

$$dX = e^x dx \quad \begin{array}{c|c} x & 0 \to 1 \\ \hline X & 1 \to e \end{array}$$

より, 置換して計算すると,

$$\int_0^1 \dfrac{e^x}{e^x + 1} dx = \int_1^e \dfrac{1}{X + 1} dX = \bigl[\log(X + 1)\bigr]_1^e$$
$$= \log(e + 1) - \log 2 = \log \dfrac{e + 1}{2}$$

となります.

見方を変えて, $x = \log X$ とおいたことにします. すると,

$$dx = \dfrac{1}{X} dX \quad \begin{array}{c|c} x & 0 \to 1 \\ \hline X & 1 \to e \end{array}$$

より, 置換すると

$$\int_0^1 \dfrac{e^x}{e^x + 1} dx = \int_1^e \dfrac{X}{X + 1} \cdot \dfrac{1}{X} dX = \log \dfrac{e + 1}{2}$$

となり, 上のおき方と同じ計算になります.

もう1つやってみましょう.

$\int_0^1 \sqrt{1-x^2}\,dx$ を求めたいとします.

$x = \sin\theta$ とおくと,

$$dx = \cos\theta d\theta \quad \begin{array}{c|c} x & 0 \to 1 \\ \hline \theta & 0 \to \dfrac{\pi}{2} \end{array}$$

より，置換して計算すると,

$$\begin{aligned}\int_0^1 \sqrt{1-x^2}\,dx &= \int_0^{\frac{\pi}{2}} \sqrt{1-\sin^2\theta}\,\cos\theta\,d\theta \\ &= \int_0^{\frac{\pi}{2}} \cos^2\theta\,d\theta \quad (\because \cos\theta \geqq 0) \\ &= \int_0^{\frac{\pi}{2}} \frac{\cos 2\theta + 1}{2}\,d\theta = \frac{1}{2}\left[\frac{1}{2}\sin 2\theta + \theta\right]_0^{\frac{\pi}{2}} \\ &= \frac{\pi}{4}\end{aligned}$$

となります.

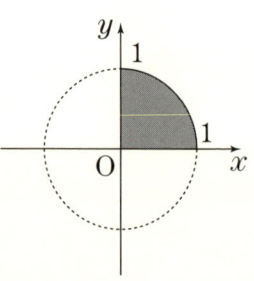

実は，これは右図の面積なので，積分計算しなくてもこたえは分かります(円の面積πの1／4倍).

では，本章最後に，高校数学Ⅲのまとめの例を1つ.

≪例≫ーーーーーーーーーーーーーーーーーーーーーーーーー

$$f(x) = \frac{\log x}{x} \quad (x > 0)$$

とします．

(1) $\lim_{x \to +0} f(x)$ (2) $\lim_{x \to \infty} f(x)$

(3) $f'(x)$ (4) $\int_1^e f(x)\,dx$

を求めて，さらに，$y = f(x)$ のグラフを描いてみましょう．

(1) $x \to +0$ のとき，$\log x \to -\infty$ より，

$$\lim_{x \to +0} f(x) = -\infty$$

となります．

(2) $x \to +\infty$ のとき，$\log x \to +\infty$ より，このままでは極限を求めることができません．

不等式で評価するために

$$g(x) = \sqrt{x} - \log x$$

とおいてみます．

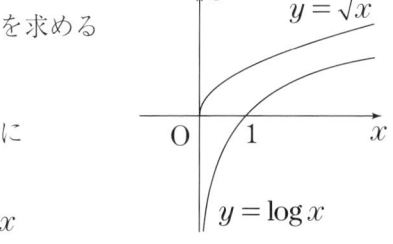

微分して，最小値を求めると，

$$g'(x) = \frac{1}{2\sqrt{x}} - \frac{1}{x} = \frac{\sqrt{x}-2}{2x}$$

x	0	$\cdots$	4	$\cdots$
$g'(x)$	/	$-$	0	$+$
$g(x)$	/	↘	min	↗

$g(4) = 2 - \log 4 > 0$
($\because\ e > 2.7 > 2$)

$\therefore\quad g(x) > 0 \quad (x > 0)$

が成り立ちます．

x が十分大きいとき，$\log x > 0$ ですから，

$$0 < \log x < \sqrt{x} \quad \therefore \quad 0 < \frac{\log x}{x} < \frac{1}{\sqrt{x}}$$

となり，しかも，$\lim_{x \to \infty} \dfrac{1}{\sqrt{x}} = 0$ より，

$$\lim_{x \to \infty} f(x) = \lim_{x \to \infty} \frac{\log x}{x} = 0$$

です（"はさみうちの原理"という公式

『"$g(x) \leqq f(x) \leqq h(x)$" かつ "$g(x)$ と $h(x)$ の極限値が一致"ならば，$f(x)$ も収束し，同じ極限値をもつ』

を用いました）．

(3) 商の微分公式を用いると，

$$f'(x) = \frac{(\log x)' x - (\log x) x'}{x^2} = \frac{\frac{1}{x} \cdot x - \log x}{x^2}$$
$$= \frac{1 - \log x}{x^2}$$

となります.

(4) よくみると, $(\log x)'$ があります.

$$\int_1^e f(x)\,dx = \int_1^e \log x \cdot \frac{1}{x}\,dx$$
$$= \int_1^e \log x \cdot (\log x)'\,dx$$
$$= \left[\frac{1}{2}(\log x)^2\right]_1^e = \frac{1}{2}$$

です.

では, 最後にグラフを描きましょう.

(3)から増減表は

x	0	$\cdots$	e	$\cdots$
$f'(x)$	/	+	0	−
$f(x)$	/	↗	$\frac{1}{e}$	↘

となり, (1), (2) より, グラフは右図のようになります.

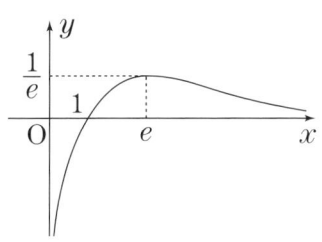

素数定理は「十分大きい実数 x に対して,

$$(x \text{以下の素数の個数}) \fallingdotseq \frac{x}{\log x}$$

となる」というものだと言いましたが, $\dfrac{x}{\log x}$ は $f(x)$ の逆数になっています. $x \to +\infty$ のとき, $f(x)$ は正の値をとりながら 0 に収束するので,

$$\frac{x}{\log x} \to +\infty \quad (x \to +\infty)$$

となります.

　素数は無数に存在しますから, ∞ になってくれないと困りますよね.

　ちなみに, 素数が無数に存在することは, 背理法で示すのでした.

　『素数が有限個しかない』と仮定します.

　その個数が n とします. このとき, 『$n+1$ 個目の素数が存在する』ことになれば, 不合理です. それを示していきます.

　素数が以下の n 個しかないと仮定します.

$$p_1, \ p_2, \ p_3, \ \cdots\cdots, \ p_n$$

0. 基本事項をまとめておこう

　これらをすべて掛けて，1 を加えた数

$$P = p_1 \cdot p_2 \cdot p_3 \cdot \cdots\cdots \cdot p_n + 1$$

は，どの素数 p_1, p_2, p_3, ………, p_n でも割り切れないので，P の正の約数は 1 と P のみです．つまり，P は素数になります．

　素数は n 個しかなかったなずなのに，$n+1$ 個目が見つかってしまったので，これは不合理です．

　よって，『素数が有限個しかない』という仮定は誤りで，『素数は無数に存在する』ことが示されました．

では，いよいよ素数定理に入っていきましょう．

1. 証明の流れをみておこう

1．証明の流れをみておこう

本章では，素数定理の意味を説明し，証明の流れをお伝えします．その中で，部分的に証明していきます．

> **素数定理**
> $$\lim_{x \to \infty} \frac{\pi(x) \log x}{x} = 1$$

ここで，

$$\pi(x) = (x 以下の素数の個数)$$

です．本書では，常にこの記号を使います．例えば，

$\pi(6) = 3$ (6 以下の素数は 2，3，5 の 3 個)

$\pi(\pi) = 2$ ($\pi = 3.14\cdots\cdots$なので，2，3 の 2 個)

です．

素数定理の意味ですが，極限で考えると分かりにくいかも知れません．簡単に言うと，『x **が十分大きいとき**，

$$(x 以下の素数の個数) \fallingdotseq \frac{x}{\log x}$$

となる』くらいの意味です．

具体的な x で検証してみましょう (数値は切り捨て).

x	$\pi(x)$	$\log x$	$x/\log x$
10	4	2.30258	4.34294
100	25	4.60517	21.7147
1000	168	6.90775	144.764
10000	1229	9.21034	1085.73

これをみると,

$$(x \text{ 以下の素数の個数}) \fallingdotseq \frac{x}{\log x}$$

と思えないほど差が大きいです. しかし, 極限

$$\lim_{x \to \infty} \frac{\pi(x) \log x}{x} = 1$$

を意識して検証してみると,

x	$\pi(x)$	$\log x$	$\pi(x)\log x/x$
10	4	2.30258	0.92103
100	25	4.60517	1.15129
1000	168	6.90775	1.16050
10000	1229	9.21034	1.13195

となり, それなりに 1 に近いようです.

もちろん, 極限を考えるときに $x = 10000$ は極めて小さい数ですので, これらの検証の意味することは,『収束するスピードはあまり速くない』ということです.

$$\frac{\pi(x)}{x} \fallingdotseq \frac{1}{\log x}$$

と考えると，"素数の存在確率"が $\log x$ を用いて表せるということです．

これは，非常に不思議な，信じがたい結果です！

では，素数定理の証明の流れに移りましょう．

分からない言葉だらけかも知れませんが，何となくの雰囲気だけでも感じとってもらえると良いでしょう．とりあえずは，言葉のイメージだけを伝えておきます．

まず，記号の定義をします．

○ 2つの関数 $f(x)$, $g(x)$ について，"$f(x) \sim g(x)$" により

$$\lim_{x \to \infty} \frac{f(x)}{g(x)} = 1$$

を表します．f と g は "漸近的に等しい" と読んでください．

○ ある関数 $f(x)$ に対し，関数 $g(x)$ について "$g(x) = O(f)$" によって，"ある定数 k が存在して，

$$|g(x)| \leq kf(x)$$

が成り立つこと" を表します．"g は f の定数倍で押さえられる" と読んでください．

高校数学では使わないような記号の使い方もあります．例えば，p を素数として，

$$\sum_p, \sum_{p \leq x}$$

などと書いて，「すべての素数にわたる和」や「x 以下のすべての素数にわたる和」を表すことにします．

最後に，登場する複素解析用語のイメージです．

● 複素関数 $f(z)$ が "正則" であるとは，"何回でも微分積分を自由に行うことができ，しかも，ベキ級数展開 (第 3 章) できる" ということです．もっと簡単に，"すごく分かりやすい素敵な関数" くらいのイメージでも構いません．

● 複素関数 $f(z)$ が "有理型" であるとは，"ほぼ正則だけど，ごくたまに代入できない z が存在する" ということです．もっと簡単に，"分数みたいに分母が 0 になるときに少し困るけれど，大部分においてすごく分かりやすい素敵な関数" くらいのイメージでも構いません．

では，いってみましょう！

> **素数定理**
>
> $$\pi(x) \sim \frac{x}{\log x}$$

を証明していきます.

本章では，全体の流れを紹介しながら，現段階で説明可能な部分だけを示していきます.

まだ証明できない部分も，後の章で証明していきますので，参照するべき章を書いていきます．その中で，理論解説は，結果を述べて，具体例で実感してもらう形式にしますが，素数定理の証明部分は正確にやっていきます.

≪証明の流れ≫＊＊＊＊＊＊＊＊＊＊＊＊＊＊＊＊＊＊＊

以下，p は素数を表すものとします.

次の3つの関数の性質を調べながら証明します.

$$\zeta(s) = \sum_{n=1}^{\infty} \frac{1}{n^s},\ \Phi(s) = \sum_{p} \frac{\log p}{p^s},\ \theta(x) = \sum_{p \leq x} \log p$$

（s は複素数，x は実数）

1つ目は"リーマンのゼータ関数"という有名な関数です. 2つ目は素数全体にわたる和，3つ目は x 以下の素数全体にわたる和です．"複素数乗"については第2, 3章で.

具体的に和を並べた形では以下のようになります.

$$\zeta(s) = \frac{1}{1^s} + \frac{1}{2^s} + \frac{1}{3^s} + \frac{1}{4^s} + \cdots\cdots,$$
$$\Phi(s) = \frac{\log 2}{2^s} + \frac{\log 3}{3^s} + \frac{\log 5}{5^s} + \frac{\log 7}{7^s} + \cdots\cdots,$$
$$\theta(x) = \log 2 + \log 3 + \log 5 + \cdots\cdots + \log p$$

(p は x 以下の最大の素数とします)

特に,$\zeta(s)$,$\Phi(s)$ は $\mathrm{Re}(s) > 0$ で正則な関数です (正則であることは, 第4章で).

証明は段階的に進んでいきますが, 最初の命題はこれです.

> (I) $\mathrm{Re}(s) > 1$ に対し, 以下が成り立つ.
>
> $$\zeta(s) = \prod_p \frac{1}{1 - \dfrac{1}{p^s}}$$

⇨ $\zeta(s)$ の "オイラー積" 表示というものです (第2章で証明します). ここで, Π は積を表す記号で,「Σの積バージョン」と思ってください. 例えば

$$\prod_{k=1}^{n} k = 1 \cdot 2 \cdots\cdots\cdots \cdot n = n!$$

ということです.

第2の命題は，次のようなものです．一気に複素解析の世界に入っていきます．

> (Ⅱ) $\zeta(s) - \dfrac{1}{s-1}$ は正則関数として $\text{Re}(s) > 0$ に拡張できる．

⇒ $\zeta(s)$ はこのままでは，$s=1$ で定義できません．なぜなら，

$$\sum_{n=1}^{N} \frac{1}{n} > \sum_{n=1}^{N} \int_{n}^{n+1} \frac{1}{x} dx$$
$$= \int_{1}^{N+1} \frac{1}{x} dx$$
$$= \log(N+1)$$
$$\to \infty \quad (N \to \infty)$$

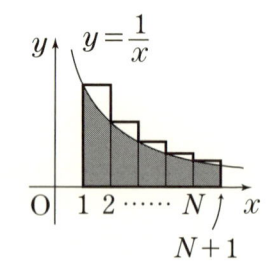

となるからです (図の中で，"階段" の面積は，色を付けた部分の面積 $(= \log(N+1))$ よりも大きいということです)．

もちろん，$\dfrac{1}{s-1}$ も定義できません．このような状況を "$s=1$ は**特異点**" と言います．

しかし，『2つをセットにした "$\zeta(s) - \dfrac{1}{s-1}$" なら，$s=1$ での値を無理矢理に定義でき，しかも $\text{Re}(s) > 0$ で正則になる』というのが (Ⅱ) の主張です．これは，第4章で確認します．

1．証明の流れをみておこう

3番目の命題は，実数に関するものですので，ここで証明しておきます．

(Ⅲ) $\theta(x) = O(x)$ である．

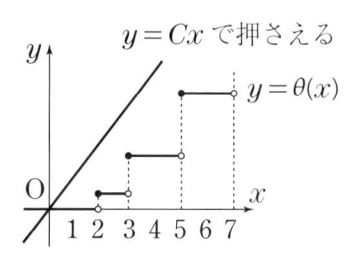

⇨ $\theta(x)$ は，図のように，素数ごとに高さが変化する階段状のグラフ(幅はマチマチ)です．図のような直線が見つかるようです．

≪(Ⅲ)の証明≫~~~~~~~~~~~~~~~~~~~~~

二項定理

$$(a+b)^n = {}_nC_0 a^n b^0 + {}_nC_1 a^{n-1} b^1 + \cdots\cdots + {}_nC_n a^0 b^n$$

を用います(これは，

$$\begin{aligned}(a+b)^2 &= a^2 + 2ab + b^2 \\ &= {}_2C_0 a^2 b^0 + {}_2C_1 a^1 b^1 + {}_2C_2 a^0 b^2\end{aligned}$$

を一般化した公式です)．

$(a+b)^{2n}$ に $a=b=1$ を代入して，

$$2^{2n} = (1+1)^{2n}$$

35

とし，これを二項定理で展開したら，

$$2^{2n} = {}_{2n}C_0 + {}_{2n}C_1 + \cdots\cdots + {}_{2n}C_n + \cdots\cdots + {}_{2n}C_{2n-1} + {}_{2n}C_{2n}$$

となります．

この中の1つの項 ${}_{2n}C_n$ だけ取り出して評価すると，

$$2^{2n} \geqq {}_{2n}C_n = \frac{(2n)(2n-1)\cdots\cdots(n+1)}{n(n-1)\cdots\cdots 1}$$

となります．

ここで，${}_{2n}C_n$ は自然数なので，最右辺の分数はキレイに約分されます．そのとき，"**$n+1 \leqq p \leqq 2n$ の範囲にある素数 p は，分母には含まれていないから，約分されずに残る**" ことが分かります．例えば，以下の $n=8$ の計算では，9～16 に入る素数 11，13 は約分されないことに注目して，

$${}_{16}C_8 = \frac{16 \cdot 15 \cdot 14 \cdot 13 \cdot 12 \cdot 11 \cdot 10 \cdot 9}{8 \cdot 7 \cdot 6 \cdot 5 \cdot 4 \cdot 3 \cdot 2 \cdot 1} \geqq 13 \cdot 11$$

です (かなり大ざっぱな評価です)．

よって，

$$2^{2n} \geqq (n+1 \leqq p \leqq 2n \text{ を満たす素数の積})$$

となります．簡単のため, 右辺の「素数の積」を Πp と書くと，

$$2^{2n} \geqq \Pi p = e^{\log(\Pi p)}$$

です．さらに，$\log(\Pi p)$ に対数の計算法則

$$\log AB = \log A + \log B$$

を繰り返し用いると，

$$\log(\Pi p) = \Sigma(\log p)$$
($n+1 \leq p \leq 2n$ を満たす素数 p 全体にわたる和)

となります．ここで，$\theta(x)$ は「$1 \leq p \leq x$ を満たす素数 p 全体にわたる $\log p$ の和」なので，「$n+1 \leq p \leq 2n$」は

"「$1 \leq p \leq 2n$」から「$1 \leq p \leq n$」を除外したもの"

と考えて，

$$\Sigma(\log p) = \theta(2n) - \theta(n)$$

となります．よって，キーとなる式

$$2^{2n} \geq e^{\theta(2n) - \theta(n)}$$
$$\therefore \quad 2n \log 2 \geq \theta(2n) - \theta(n)$$

を得ます (やっと，$\theta(x)$ と x の関係が見えました！).

ここで，$n = 2^{k-1}$ ($k = 1, 2, 3, \cdots\cdots$) とおいてみると，

$$2^k \log 2 \geq \theta(2^k) - \theta(2^{k-1})$$

となります．$k = 1, 2, 3, \cdots\cdots, m$ を並べると，

$$2\log 2 \geqq \theta(2) - \theta(1)$$

$$2^2 \log 2 \geqq \theta(2^2) - \theta(2)$$

$$2^3 \log 2 \geqq \theta(2^3) - \theta(2^2)$$

………

$$2^m \log 2 \geqq \theta(2^m) - \theta(2^{m-1})$$

です．これらをすべて加えると，右辺の和は

$$\begin{aligned}
& \theta(2) - \theta(1) \\
&+ \theta(2^2) - \theta(2) \\
&+ \theta(2^3) - \theta(2^2) \\
&+ \cdots\cdots \\
&+ \theta(2^m) - \theta(2^{m-1}) \\
&= \theta(2^m) - \theta(1)
\end{aligned}$$

となり，$\theta(2^m) - \theta(1)$ しか残りません．しかも，$\theta(1) = 0$ なので，右辺の和は $\theta(2^m)$ となります．

よって，

$$(2 + 2^2 + 2^3 + \cdots\cdots + 2^m)\log 2 \geqq \theta(2^m)$$

が成り立ちます．

左辺の和は，等比数列の和の公式より，

$$2 + 2^2 + 2^3 + \cdots\cdots + 2^m = \frac{2(2^m - 1)}{2 - 1} = 2^{m+1} - 2 < 2^{m+1}$$

と評価できるので，これを先ほどの式に代入して，

$$\theta(2^m) \leqq 2^{m+1} \log 2 \quad \cdots\cdots\cdots \quad (*)$$

となります．

ここで，$x \geqq 1$ を満たす正数 x に対し，

$$2^m \leqq x < 2^{m+1}$$

となる自然数 m が存在します．θ は増加関数(非減少)なので，

$$0 \leqq \theta(x) \leqq \theta(2^{m+1})$$

です．これと $(*)$ を用いると，

$$0 \leqq \theta(x) \leqq \theta(2^{m+1}) \leqq 2^{m+2} \log 2$$

が成り立ちます．さらに，$2^m \leqq x$ を代入したら，

$$0 \leqq \theta(x) \leqq 2^{m+2} \log 2 \leqq (4\log 2)x$$

です．これは

$$\theta(x) = O(x)$$

ということです．

以上で (Ⅲ) は示されました．

~~~~~~~~~~~~~~~~~~~~~~~~~~~~~~

では，流れの確認に戻りましょう．4番目の命題です．

（Ⅳ） $\operatorname{Re}(s) \geq 1$, $s \neq 1$ に対し，$\zeta(s) \neq 0$ である．また，
$\Phi(s) - \dfrac{1}{s-1}$ は $\operatorname{Re}(s) \geq 1$ に正則関数として拡張できる．

➪ 有理型関数の"ローラン展開"を利用します．その中で"留数"という重要概念も必要になります．詳細は第5章．

少し先走ってみましょう．実は，（Ⅰ）を用いると，前半と後半がつながります．

無限積でも対数法則

$$\log(\Pi A) = \Sigma(\log A)$$

が使えて，しかも，複素関数でも微分公式

$$\{\log f(x)\}' = \frac{f'(x)}{f(x)}, \ (a^x)' = a^x \log a$$

が使えるとします（可能なことは，第4, 5章で確認します）．

すると，オイラー積

$$\zeta(s) = \prod_p \frac{1}{1 - \dfrac{1}{p^s}}$$

において，両辺の対数をとってから，s で微分すると，

$$\zeta(s) = \prod_p \frac{1}{1 - \frac{1}{p^s}} \quad \therefore \quad \log \zeta(s) = -\sum_p \log\left(1 - \frac{1}{p^s}\right)$$

$$\rightarrow \quad \frac{\zeta'(s)}{\zeta(s)} = -\sum_p \frac{\log p}{p^s - 1}$$

$$\left(\because \left(\log\left(1 - \frac{1}{p^s}\right)\right)' = \frac{\left(1 - \frac{1}{p^s}\right)'}{1 - \frac{1}{p^s}} = \frac{-\frac{1}{p^s}\left(\log \frac{1}{p}\right)}{1 - \frac{1}{p^s}} \right.$$

$$\left. = \frac{\log p}{p^s - 1} \right)$$

となります. さらに,

$$\frac{1}{p^s - 1} = \frac{1}{p^s} + \frac{1}{p^s - 1} - \frac{1}{p^s} = \frac{1}{p^s} + \frac{1}{(p^s - 1)p^s}$$

より,

$$\frac{\zeta'(s)}{\zeta(s)} = -\sum_p \frac{\log p}{p^s - 1} = -\sum_p \frac{\log p}{p^s} - \sum_p \frac{\log p}{(p^s - 1)p^s}$$

$$= -\Phi(s) - \sum_p \frac{\log p}{(p^s - 1)p^s} \quad \cdots\cdots\cdots \quad (\#)$$

となります.

こうして, $\zeta(s)$ と $\Phi(s)$ の間の関係性が見えてきます. この式 (#) はとても面白いですね!

さらに (II) を用いて頑張ると, (IV) が証明できるのです (詳細は第 5 章).

41

5個目の命題は，少し難しいものになっています．

> （Ⅴ） 広義積分 $\int_1^\infty \dfrac{\theta(x)-x}{x^2}dx$ は収束する．

➡ （Ⅴ）が，この証明のキーになります（第7章）．

素数定理の他の証明法と比べ，この証明法がシンプルになるポイントは，（Ⅴ）を導くことにあります．

ここでいう**広義積分**とは，"積分区間の幅が無限"ということです．

$\theta(x)$ という階段状のグラフになる関数が入っているので，$\theta(x)$ が一定値をとる区間

$$1 \leq x < 2,\ 2 \leq x < 3,\ 3 \leq x < 5,$$
$$5 \leq x < 7,\ 7 \leq x < 11,\ \cdots\cdots$$

ごとに区切って積分しなければなりません．

驚くべきことに，"**置換積分**"によって，$\Phi(s)$ とこの積分との関係性が発見されます．さらに，（Ⅲ）と（Ⅳ）で，$\theta(x)$ と $\Phi(s)$ に関する情報が集まっているから，次の定理が使えます．

定理

$t \geqq 0$ で定義された関数 $f(t)$ は有界かつ局所可積分 (有限な幅なら積分可能) であるとし，$\mathrm{Re}(z) > 0$ 上の関数

$$g(z) = \int_0^\infty f(t) e^{-zt} \, dt$$

が，$\mathrm{Re}(z) \geqq 0$ に正則関数として拡張できるとする．

このとき，広義積分 $\int_0^\infty f(t) \, dt$ は収束し，しかも極限値は $g(0)$ に等しい．

⇨　これを示すのに，次の"**コーシーの積分公式**"を用います．

コーシーの積分公式

複素数平面内の閉曲線 C の周上および内部で正則な関数 $f(z)$ に対し，C で囲まれる領域内の点 α をとると

$$f(\alpha) = \frac{1}{2\pi i} \int_C \frac{f(z)}{z - \alpha} \, dz$$

が成り立つ．

⇨　非常に有用な定理です．

"複素積分"の詳細は第 6 章で．

次が最後の命題です．

素数定理の証明の完結部分まで証明しておきます．

・・・・・・・・・・・・・・・・・・・・・・・・・・・・・・・
(Ⅵ) $\theta(x) \sim x$ である．
・・・・・・・・・・・・・・・・・・・・・・・・・・・・・・・

⇨　(Ⅴ)を用いますが，"**極限の定義**"を利用し，**背理法**で論証します．

≪(Ⅵ)の証明≫～～～～～～～～～～～～～～～～～～

定義を確認しておきます．

$\lim_{x \to \infty} \dfrac{\theta(x)}{x} = 1$ とは，『正数 ε をどれだけ小さくとっても，十分に大きい x に対しては常に

$$1 - \varepsilon < \frac{\theta(x)}{x} < 1 + \varepsilon$$

が成り立つ』ということです．

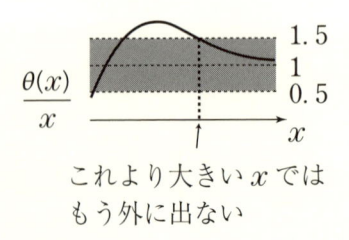

$\varepsilon = 0.5$ のとき　　　　　　$\varepsilon = 0.01$ のとき

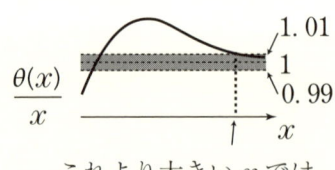

これより大きい x では　　これより大きい x ではもう外に出ない　　　　　　もう外に出ない

高校数学では，『x を限りなく大きくすると，$\dfrac{\theta(x)}{x}$ は限りなく 1 に近づく』という曖昧な定義ですが，正確には，『"十分大きい x で，幅 ε の近さの条件：$1-\varepsilon < \dfrac{\theta(x)}{x} < 1+\varepsilon$ が，ずっと成り立つ"が，いかに小さな正数 ε に対しても起こる』ということなのです．

　　　　「x が"まあまあ"大きいと，1 に"まあまあ"近い」
　　　　「x が"かなり"大きいと，1 に"かなり"近い」
　　　　「x が"非常に"大きいと，1 に"非常に"近い」
　　　　………

というようなことを永久に繰り返すことができるというくらいのイメージでも良いでしょう．

　では，(Ⅵ) を否定してみましょう．つまり，『ある正の数 ε に対して，どれだけ大きいところにでも，

$$1-\varepsilon < \dfrac{\theta(x)}{x} < 1+\varepsilon$$

を満たさない x，すなわち，

「$\dfrac{\theta(x)}{x} \leqq 1-\varepsilon$　または　$1+\varepsilon \leqq \dfrac{\theta(x)}{x}$」

となる x が存在する』ことを仮定します．

「前者ばかりになる場合」,「後者ばかりになり場合」,「両者がある場合」とありますが,

1) どれだけ大きいところにでも, $1+\varepsilon \leqq \dfrac{\theta(x)}{x}$ となる x が存在する場合

2) どれだけ大きいところにでも, $\dfrac{\theta(x)}{x} \leqq 1-\varepsilon$ となる x が存在する場合

に分ければ十分です. より正確には,

1) **上極限**が $1+\varepsilon$ 以上の場合
2) **下極限**が $1-\varepsilon$ 以下の場合

ということです (上極限, 下極限については, 参考文献 [1] などを参照してください).

どちらでも**矛盾**が起これば,『(Ⅵ) を否定したことが誤り』であったと分かり, (Ⅵ) が成り立つことになります.

● 1) のとき

$1+\varepsilon \leqq \dfrac{\theta(x)}{x}$ となる十分大きい x を 1 つ固定してみると,

$$\theta(x) \geqq (1+\varepsilon)x$$

が成り立ちます.

さらに，t を変数として $\theta(t)$ は t の非減少関数だから，

$$\theta(t) \geq \theta(x) \geq (1+\varepsilon)x \quad (t \geq x)$$

となります (x は定数として考えています)．

すると，(Ⅴ) で考えた積分の一部について，

$$\int_x^{(1+\varepsilon)x} \frac{\theta(t)-t}{t^2}\,dt \geq \int_x^{(1+\varepsilon)x} \frac{(1+\varepsilon)x-t}{t^2}\,dt$$

となります．ここで，$t=xs$ と置換します．

$$dt = xds \quad \begin{array}{c|c} t & x \to (1+\varepsilon)x \\ \hline s & 1 \to 1+\varepsilon \end{array}$$

より，

$$\int_x^{(1+\varepsilon)x} \frac{(1+\varepsilon)x-t}{t^2}\,dt = \int_1^{1+\varepsilon} \frac{(1+\varepsilon)x-xs}{(xs)^2}\,xds$$
$$= \int_1^{1+\varepsilon} \frac{(1+\varepsilon)-s}{s^2}\,ds$$

となります．x が消えたので，これは x によらない定数です．しかも，$1 < s < 1+\varepsilon$ で被積分関数は正の値をとるので，この定数は正値です．

一方，(Ⅴ) により，

$$\int_x^{(1+\varepsilon)x} \frac{\theta(t)-t}{t^2}\,dt$$
$$= \int_1^{(1+\varepsilon)x} \frac{\theta(t)-t}{t^2}\,dt - \int_1^x \frac{\theta(t)-t}{t^2}\,dt$$
$$\to \int_1^\infty \frac{\theta(t)-t}{t^2}\,dt - \int_1^\infty \frac{\theta(t)-t}{t^2}\,dt \quad (x \to \infty)$$
$$= 0$$

なので，十分大きい x に対しては，$\displaystyle\int_x^{(1+\varepsilon)x} \frac{(1+\varepsilon)x-t}{t^2}\,dt$ の絶対値は，任意に小さい値をとります．

これは不合理ですから，1) は起こりません．

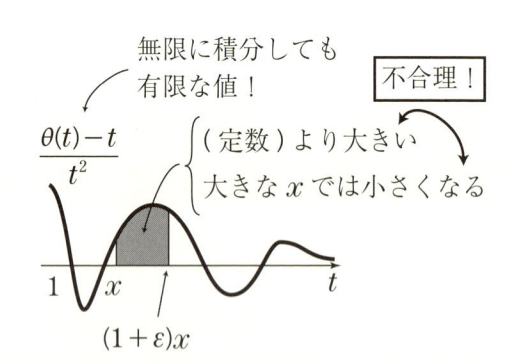

● <u>2) のとき</u>

$\dfrac{\theta(x)}{x} \leqq 1-\varepsilon$ となる x を 1 つ固定してみます．すると，1) と同様に評価し，置換積分することにより，

$$\int_{(1-\varepsilon)x}^x \frac{\theta(t)-t}{t^2}\,dt \leqq \int_{1-\varepsilon}^1 \frac{(1-\varepsilon)-s}{s^2}\,ds = (\text{負の定数})$$

となります．

一方，(V) により，

$$\int_{(1-\varepsilon)x}^{x} \frac{\theta(t)-t}{t^2} dt$$
$$= \int_{1}^{x} \frac{\theta(t)-t}{t^2} dt - \int_{1}^{(1-\varepsilon)x} \frac{\theta(t)-t}{t^2} dt \to 0$$

ですから，大きな x では，絶対値が任意に小さい値になり，不合理です．

1), 2) のいずれでも矛盾が生じたので，『(Ⅵ) を否定したことが誤り』であったと分かりました．

よって，(Ⅵ) を示すことができました．

~~~~~~~~~~~~~~~~~~~~~~~~~~~~~~~

証明中に極限の定義の説明を入れたため，長くなってしまいました．また論証も少し難解だったかも知れません．

ここまでの下準備のもとで素数定理を証明していきますが，その中でも同様な論法が登場します．

では，いよいよ本丸です．

(Ⅵ) を用いて，素数定理の主張：

$$\pi(x) \sim \frac{x}{\log x} \quad \text{つまり} \quad \lim_{x \to \infty} \frac{\pi(x) \log x}{x} = 1$$

を示してみましょう．

≪素数定理の証明≫〜〜〜〜〜〜〜〜〜〜〜〜〜〜〜〜〜

まず，$\theta(x)$ に登場する $\log p$ をすべて $\log x$ に変えると，

$$\theta(x) = \sum_{p \leq x} \log p \leq \sum_{p \leq x} \log x$$

となります．$p \leq x$ なる素数 p の個数が $\pi(x)$ なので，

$$\theta(x) \leq \pi(x) \log x$$
$$\therefore \quad \frac{\pi(x) \log x}{x} \geq \frac{\theta(x)}{x} \to 1 \ (x \to \infty) \quad \cdots\cdots\cdots \ (\#)$$

です (ここで (Ⅵ) を用いました).

次に，逆向きの不等式を作ります．

任意の小さな正数 ε を 1 つとり，$\theta(x)$ に登場する素数を，

$$x^{1-\varepsilon} < p \leq x$$

の範囲にあるものだけにすると，

$$\theta(x) = \sum_{p \leq x} \log p \geq \sum_{x^{1-\varepsilon} < p \leq x} \log p$$

となります．この範囲で

$$\log p > \log x^{1-\varepsilon}$$

と評価でき，この範囲にある素数の個数は，

1. 証明の流れをみておこう

$(x$ 以下の素数の個数$) - (x^{1-\varepsilon}$ 以下の素数の個数$)$
$= \pi(x) - \pi(x^{1-\varepsilon})$

です．よって，

$$\theta(x) = \sum_{p \leq x} \log p$$
$$\geq \sum_{x^{1-\varepsilon} < p \leq x} \log x^{1-\varepsilon}$$
$$= (1-\varepsilon)\{\pi(x) - \pi(x^{1-\varepsilon})\} \log x$$

$$\therefore \quad \frac{\pi(x) \log x}{x} \leq \frac{1}{1-\varepsilon} \cdot \frac{\theta(x)}{x} + \pi(x^{1-\varepsilon}) \frac{\log x}{x}$$

が成り立ちます．ここで，

$$\pi(x^{1-\varepsilon}) = (x^{1-\varepsilon} \text{ 以下の素数の個数}) \leq x^{1-\varepsilon}$$

なので，

$$\frac{\pi(x) \log x}{x} \leq \frac{1}{1-\varepsilon} \cdot \frac{\theta(x)}{x} + \frac{\log x}{x^{\varepsilon}}$$

が成り立ちます．さらに，

$$\lim_{x \to \infty} \frac{\log x}{x^{\varepsilon}} = \lim_{x \to \infty} \frac{1}{\varepsilon} \cdot \frac{\log x^{\varepsilon}}{x^{\varepsilon}} = \frac{1}{\varepsilon} \cdot 0 = 0$$

と (Ⅵ) から，

$$\lim_{x\to\infty}\Bigl(\frac{1}{1-\varepsilon}\cdot\frac{\theta(x)}{x}+\frac{\log x}{x^\varepsilon}\Bigr)=\frac{1}{1-\varepsilon}$$

となります.

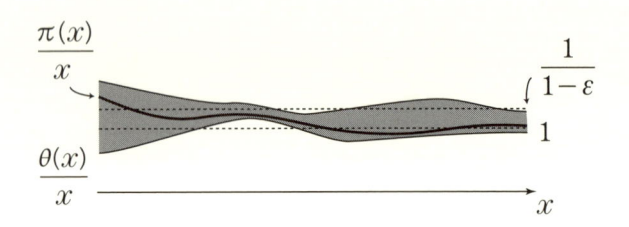

ε が任意なので, これと (#) を合わせると,

$$\lim_{x\to\infty}\frac{\pi(x)\log x}{x}=1$$

を意味しています (より正確には, 上極限が 1 になることが分かることを利用します).

~~~~~~~~~~~~~~~~~~~~~~~~~~~~~~

以上が証明の大まかな流れと, 部分的な証明です.

****

一通りやってみましたが, 大きな穴がいくつもあるので, 証明できたという実感は少ないかも知れません. いまのところは,「3 つの関数

$$\zeta(s)=\sum_{n=1}^{\infty}\frac{1}{n^s},\ \Phi(s)=\sum_{p}\frac{\log p}{p^s},\ \theta(x)=\sum_{p\leq x}\log p$$

のことを色々と調べていくと，面白い事実がたくさん見つかり，結果的に証明できた」というくらいのイメージだけは伝わったと思います．

詳細について触れていない(Ⅰ),(Ⅱ),(Ⅳ),(Ⅴ)は，次章以降での理論を用いて，後に証明します．ただし，理論部分は，証明抜きの"事実の積み上げ"で構築していきます．

以下のようなことを確認していきます：

- 無限級数と無限積
- ベキ級数とテイラー展開
- オイラーの公式
- 複素関数の考え方
- 正則性と解析性
- 有理型関数とローラン展開，留数
- 複素積分の考え方
- 複素積分の計算公式

高度な考え方も登場しますが，じっくりと説明していきますので，ともに乗り越えていきましょう！

では，理論確認に移ります．

2．無限級数と無限積について

２．無限級数と無限積について

　第2章では，無限級数，無限積の収束などに関する理論をみていきます．定理の証明は書きません．詳細が気になる方は，参考文献[1]などで確認してください．

　本章で（Ⅰ）の証明を与えます．

　まずは基本的な公式から．

定理 2.1
　　有界な単調数列は収束する．

　数列 $\{a_n\}$ が "有界" とは，『ある定数 M により，

$$|a_n| < M \quad (n = 1, 2, 3, \cdots\cdots)$$

となる』ことです．また，"単調" とは

$$a_1 \leqq a_2 \leqq a_3 \leqq \cdots\cdots \quad （単調増加）\quad または$$
$$a_1 \geqq a_2 \geqq a_3 \geqq \cdots\cdots \quad （単調減少）$$

となることです．例えば，有界で単調増加の場合，

$$-M < a_1 \leqq a_2 \leqq \cdots\cdots \leqq a_n \leqq \cdots\cdots < M$$

となります．直感的に分かる通り，『収束する値は

$$a_n \leqq \alpha \quad (n = 1, 2, 3, \cdots\cdots)$$

となる最小の実数 α』です.
(厳密には,「そのような実数 α が存在するのか?」が議論の対象になります).

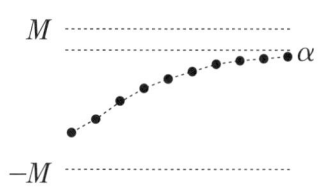

定理 2.1 の使用例を挙げておきます. 例えば,

$$\sum_{n=0}^{\infty} \frac{1}{n!} = 1 + \frac{1}{1!} + \frac{1}{2!} + \frac{1}{3!} + \cdots\cdots$$

は収束します. それを確認しましょう.

$$a_n = 1 + \frac{1}{1!} + \frac{1}{2!} + \frac{1}{3!} + \cdots\cdots + \frac{1}{n!}$$

とおくと,$\{a_n\}$ は単調増加で,しかも,

$$\begin{aligned}
0 < a_n &= 1 + \frac{1}{1!} + \frac{1}{2!} + \frac{1}{3!} + \cdots\cdots + \frac{1}{n!} \\
&< 1 + 1 + \frac{1}{2} + \frac{1}{2 \cdot 2} + \cdots\cdots + \frac{1}{2 \cdots\cdots \cdot 2} \\
&= 1 + 1 + \frac{1}{2} + \frac{1}{2^2} + \cdots\cdots + \frac{1}{2^{n-1}} \\
&= 1 + \frac{1 - \left(\frac{1}{2}\right)^n}{1 - \frac{1}{2}} = 1 + 2 - \left(\frac{1}{2}\right)^{n-1} \\
&< 3
\end{aligned}$$

より，有界です．

これで，定理 2.1 より，収束することが確定します
(この値を e と書き，"**自然対数の底**"というのでした)．

次の定理は，非常に重要です．

定理 2.2 (絶対収束)

無限級数 $\sum_{n=1}^{\infty} a_n$ は，無限級数 $\sum_{n=1}^{\infty} |a_n|$ が収束するならば，収束する．

『 $\sum_{n=1}^{\infty} |a_n|$ が収束する』とき，$\sum_{n=1}^{\infty} a_n$ は "絶対収束する" といいます．また，『 $\sum_{n=1}^{\infty} a_n$ は収束して，$\sum_{n=1}^{\infty} |a_n|$ が収束しない』とき，$\sum_{n=1}^{\infty} a_n$ は "条件収束する" といいます．

例として，第 1 章に登場したリーマンのゼータ関数

$$\zeta(s) = \sum_{n=1}^{\infty} \frac{1}{n^s} \quad (s は複素数)$$

について確認しておきましょう．

まず，「$s=1$ のとき，$+\infty$ に**発散する**」は，第 1 章 II) の解

2. 無限級数と無限積について

説中に述べた通りです.

その論法と似た方法で,『s が1より大きい**実数**のとき, **絶対収束する**』を証明できます. 理由をみておきましょう.

数列 $\left\{\sum_{n=1}^{N}\dfrac{1}{n^s}\right\}$ は, 単調増加なので, 有界性を示します.

N 個目までの和 $\sum_{n=1}^{N}\dfrac{1}{n^s}$ より大きい面積を, $y=\dfrac{1}{x^s}$ のグラフを利用して考えます.

図の中で, "**階段**" の面積は, 色を付けた部分の面積よりも小さいので,

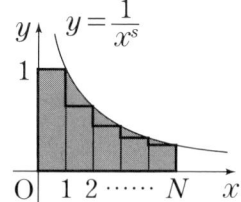

$$\sum_{n=1}^{N}\frac{1}{n^s} < 1 + \int_{1}^{N}\frac{1}{x^s}dx$$
$$= 1 + \frac{1}{-s+1}[x^{-s+1}]_1^N$$
$$\left(\because \frac{1}{x^s}=x^{-s}=\frac{1}{-s+1}(x^{-s+1})'\right)$$
$$= 1 + \frac{N^{-s+1}}{-s+1} - \frac{1}{-s+1}$$
$$< 1 + \frac{1}{s-1} \quad (\because s>1)$$

が成り立ち, 有界です.

ゆえに, 定理 2.1 より, 数列 $\left\{\sum_{n=1}^{N}\dfrac{1}{n^s}\right\}$ は収束します.

では，一般に

$$\zeta(s) = \sum_{n=1}^{\infty} \frac{1}{n^s} \quad (s \text{ は}\underline{複素数})$$

についてはどう考えるのでしょう？

実は，『"0 でない実数の i 乗"は絶対値が 1 の複素数』という性質があります(詳細は第 3 章で)．ゆえに，

$$s = \text{Re}(s) + \text{Im}(s)i$$

において，

$$|n^{\text{Im}(s)i}| = |(n^{\text{Im}(s)})^i| = 1 \ (n^{\text{Im}(s)} \neq 0)$$
$$\therefore \ |n^s| = |n^{\text{Re}(s) + \text{Im}(s)i}| = |n^{\text{Re}(s)}||n^{\text{Im}(s)i}| = n^{\text{Re}(s)}$$

となります．

ゆえに，実部について $\text{Re}(s) > 1$ であれば，先ほどの結果より，$\sum_{n=1}^{\infty} \frac{1}{|n^s|}$ が収束すると分かります．つまり，

$$\zeta(s) = \sum_{n=1}^{\infty} \frac{1}{n^s} \ (\text{Re}(s) > 1)$$

は絶対収束します(もちろん，定理 2.1 より，収束します)．

これで，リーマンのゼータ関数のオイラー積に関する命題(Ⅰ)が見えてきました．

（Ⅰ） $\mathrm{Re}(s) > 1$ に対し，以下が成り立つ．

$$\zeta(s) = \prod_{p} \frac{1}{1-\dfrac{1}{p^s}} \quad (\text{右辺は全素数にわたる積})$$

このうち，『$\mathrm{Re}(s) > 1$ で $\zeta(s)$ が収束する』ことは分かりました．

引き続き，"無限積"に関する部分も確認していきましょう．そのためには，次の定理が必要です．

定理2.3

無限積 $\prod_{k=1}^{\infty}(1+a_n)$ は，無限級数 $\sum_{n=1}^{\infty}|a_n|$ が収束するならば，収束する．さらに，積の因子に0がなければ，無限積の値は0ではない．

無限積の収束条件が，無限級数の絶対収束で表されるというのは，とても面白い事実ですね．

これを用いて，（Ⅰ）の右辺の無限積が収束することを示してみましょう．

素数 p と $\mathrm{Re}(s) > 1$ なる s に対し,

$$\left| \frac{1}{1-\frac{1}{p^s}} - 1 \right| = \left| \frac{p^s}{p^s-1} - 1 \right| = \left| \frac{1}{p^s-1} \right|$$

$$< \frac{1}{|p^s|-1} < \frac{2}{|p^s|} = \frac{2}{p^{\mathrm{Re}(s)}}$$

$$(\because \ |p^s| = |p^{\mathrm{Re}(s)}| > p \geqq 2)$$

が成り立ちます (これが $|a_n|$ の部分です).

N 個目の素数を P とおくと, N 個目までの和について,

$$\sum_{p \leqq P} \left| \frac{1}{1-\frac{1}{p^s}} - 1 \right| < \sum_{p \leqq P} \frac{2}{p^{\mathrm{Re}(s)}} < \sum_{n=1}^{P} \frac{2}{n^{\mathrm{Re}(s)}} < 2\zeta(\mathrm{Re}(s))$$

となり, 有界です. もちろん, 単調数列なので, 定理2.1 より, $\sum_{n=1}^{\infty} \left| \frac{1}{1-\frac{1}{p^s}} - 1 \right|$ は収束します.

よって, 定理2.3より, $\prod_p \frac{1}{1-\frac{1}{p^s}}$ は収束します.

では, (Ⅰ) を証明しましょう. 左辺と右辺が収束すること

2．無限級数と無限積について

は分かったので，一致することを示せば良いという状況です．

≪(Ⅰ)の証明≫～～～～～～～～～～～～～～～～～～～～

まず，無限積の因子の意味を考えます．

実は，無限積の各因子は，

$$\left|\left(\frac{1}{p^s}\right)^n\right|=\left(\frac{1}{p^{\text{Re}(s)}}\right)^n \to 0 \ (n\to\infty)$$
$$(\because \ p^{\text{Re}(s)} \geqq 2)$$

より，

$$1+\frac{1}{p^s}+\left(\frac{1}{p^s}\right)^2+\cdots\cdots+\left(\frac{1}{p^s}\right)^{n-1}$$
$$=\frac{1-\left(\frac{1}{p^s}\right)^n}{1-\frac{1}{p^s}} \to \frac{1}{1-\frac{1}{p^s}} \ (n\to\infty)$$

となるから，無限等比級数と見なせます．つまり，右辺を

$$\left(1+\frac{1}{2^s}+\frac{1}{2^{2s}}+\frac{1}{2^{3s}}+\cdots\cdots\right)$$
$$\times\left(1+\frac{1}{3^s}+\frac{1}{3^{2s}}+\frac{1}{3^{3s}}+\cdots\cdots\right)$$
$$\times\left(1+\frac{1}{5^s}+\frac{1}{5^{2s}}+\frac{1}{5^{3s}}+\cdots\cdots\right)$$
$$\times\left(1+\frac{1}{7^s}+\frac{1}{7^{2s}}+\frac{1}{7^{3s}}+\cdots\cdots\right)\times\cdots\cdots$$

と考えるということです．

《これを展開して得られる数はどんなものでしょうか？》

直感的に考えると，こんな数が無数に出てきます：

$$\left(\frac{1}{2^s}\right)^a \cdot \left(\frac{1}{3^s}\right)^b \cdot \left(\frac{1}{5^s}\right)^c \cdot \left(\frac{1}{7^s}\right)^d \cdots\cdots\cdots$$

a, b, c, ………は0以上の整数です．特に，$p^0=1$になるから，

$$a=b=c=\cdots\cdots\cdots=0$$

のときに1を表しています．

一方，左辺は，

$$1+\frac{1}{2^s}+\frac{1}{3^s}+\frac{1}{4^s}+\frac{1}{5^s}+\frac{1}{6^s}+\cdots\cdots$$
$$=(1\cdot 1\cdot 1\cdots\cdots\cdots)+\left(\frac{1}{2^s}\cdot 1\cdot 1\cdots\cdots\cdots\right)$$
$$+\left(1\cdot\frac{1}{3^s}\cdot 1\cdots\cdots\cdots\right)+\left(\frac{1}{2^{2s}}\cdot 1\cdot 1\cdots\cdots\cdots\right)$$
$$+\left(1\cdot 1\cdot\frac{1}{5^s}\cdots\cdots\cdots\right)+\left(\frac{1}{2^s}\cdot\frac{1}{3^s}\cdot 1\cdots\cdots\cdots\right)$$
$$+\cdots\cdots\cdots$$

なので，先ほど登場した数の一部になっていそうです．

収束についての議論が抜けているので，以下で，補足していきましょう．

第5章で詳しくみますが，"一致の定理"より，『$\zeta(s)$ は $\mathrm{Re}(s) > 1$ で正則なので，s が $s > 1$ なる<u>実数</u>の場合で（Ⅰ）が成り立てば，$\mathrm{Re}(s) > 1$ を満たす<u>複素数 s</u> でも（Ⅰ）が成り立つ』ことになります（「<u>実数で成り立つ</u>」性質は，「<u>複素数でも成り立つ</u>」という著しい性質ですが，これが複素解析の神秘性の一端です．第5章でみていきますので，ご期待ください）．

以下では，s は $s > 1$ を満たす実数です．

まず，N 個目の素数を P とおき，有限積を考えます．

$$\prod_{p \leq P} \frac{1}{1 - \dfrac{1}{p^s}} = \left(1 + \frac{1}{2^s} + \frac{1}{2^{2s}} + \frac{1}{2^{3s}} + \cdots\cdots\right)$$
$$\times \left(1 + \frac{1}{3^s} + \frac{1}{3^{2s}} + \frac{1}{3^{3s}} + \cdots\cdots\right) \times$$
$$\cdots\cdots$$
$$\times \left(1 + \frac{1}{P^s} + \frac{1}{P^{2s}} + \frac{1}{P^{3s}} + \cdots\cdots\right)$$

ここで，『P 以下の数の素因数分解に登場する素数は，すべて P 以下になる』ことに注意します．つまり，右辺を展開すると，分母が 1^s, 2^s, $\cdots\cdots$, P^s の数がすべて現れるから，

$$\prod_{p \leq P} \frac{1}{1 - \dfrac{1}{p^s}} > \sum_{n=1}^{P} \frac{1}{n^s}$$

が成り立ちます．

また，"素因数分解の一意性"から，展開したときに同じ数は現れないので，

$$\prod_{p \leq P} \frac{1}{1-\frac{1}{p^s}} < \sum_{n=1}^{\infty} \frac{1}{n^s} = \zeta(s)$$

が成り立つことも分かります．

ここで，$N \to \infty$ のとき，$P \to \infty$ より，

$$\lim_{N \to \infty} \sum_{n=1}^{P} \frac{1}{n^s} = \zeta(s)$$

なので，はさみうちの原理により，

$$\zeta(s) = \prod_{p} \frac{1}{1-\frac{1}{p^s}}$$

です．これで(Ⅰ)の証明完了です．

~~~~~~~~~~~~~~~~~~~~~~~~~~~~~~~~

(Ⅰ)のメリットを少しみておきます．

実は，

$$\zeta(2) = \frac{1}{1^2} + \frac{1}{2^2} + \frac{1}{3^2} + \frac{1}{4^2} + \cdots\cdots = \frac{\pi^2}{6}$$

となることが知られています(詳細は第8章)．この極限値は

1.6449………です．

例えば，10個目までの部分和は

$$\frac{1}{1^2}+\frac{1}{2^2}+\frac{1}{3^2}+\cdots\cdots+\frac{1}{10^2}=1.550\cdots\cdots$$

で，なかなか極限値に近づきません．

一方，オイラー積

$$\prod_p \frac{1}{1-\frac{1}{p^2}} = \prod_p \frac{p^2}{p^2-1}$$
$$=\frac{4}{3}\cdot\frac{9}{8}\cdot\frac{25}{24}\cdot\frac{49}{48}\cdot\cdots\cdots$$

においては，

$$\frac{4}{3}\cdot\frac{9}{8}\cdot\frac{25}{24}\cdot\frac{49}{48}=1.5950\cdots\cdots$$
$$\frac{4}{3}\cdot\frac{9}{8}\cdot\frac{25}{24}\cdot\frac{49}{48}\cdot\frac{121}{120}=1.6083\cdots\cdots$$

のように，極限値に近づくスピードが速くなります．

(Ⅱ)，(Ⅳ)の証明でもオイラー積を利用しますので，この形の重要性は，後にも再発見されるでしょう．

3. ベキ級数とオイラーの公式

3. ベキ級数とオイラーの公式

第3章では，"複素関数の正則性"の議論で必要になる『ベキ級数で表される関数の項別"微積分"』について確認します．詳細は，参考文献[1]などをみてください．

"ベキ級数"とは，変数xを含む

$$\sum_{n=0}^{\infty} a_n(x-a)^n = a_0 + a_1(x-a) + a_2(x-a)^2 + \cdots\cdots$$

の形で表される級数です．$x-a$をxに変える(平行移動する)ことにより，

$$\sum_{n=0}^{\infty} a_n x^n = a_0 + a_1 x + a_2 x^2 + \cdots\cdots \quad \cdots\cdots \quad (*)$$

について考えれば十分です．

まず，基本公式を(係数や変数が複素数でも成立します！)．

定理3.1

ある$x = x_0$で$(*)$が収束するならば，$|x| < |x_0|$なるすべてのxについて$(*)$は絶対収束する．

どんなxであっても$(*)$が収束してくれたら考えやすいの

3. ベキ級数とオイラーの公式

ですが，"(∗) が収束する $|x|$ の上限" があることもあります．つまり，『$|x|<r$ なら (∗) は収束，$|x|>r$ なら (∗) は発散』となる r です．ただし，$|x|=r$ で (∗) が収束するか，発散するかは場合によります．

このような r を "(∗) の収束半径" といい，$|x|<r$ を "収束円" といいます．

『任意の x で収束する』とき，収束半径は "$r=\infty$" とします．また，『$x=0$ 以外で収束しない』ときは "$r=0$" とします．

《収束半径は，どうやったら分かるのでしょう？》

実は，収束半径 r を求める公式があります．

定理 3.2

以下の極限が存在するとき，その極限値を用いて r を表すことができる．

$$1) \quad \frac{1}{r} = \lim_{n \to \infty} \sqrt[n]{|a_n|}$$

$$2) \quad \frac{1}{r} = \lim_{n \to \infty} \frac{|a_{n+1}|}{|a_n|}$$

(極限が 0, ∞ のときは，それぞれ $r=\infty$, $r=0$ である)

収束するベキ級数には，驚くべき扱いやすさがあります．

定理 3.3 (項別微分)

収束円内で $(*)$ を関数 $f(x)$ とおく．$f(x)$ は微分可能 (よって連続) であり，しかも，収束円内で，導関数は項別に微分して得られるベキ級数と一致する．つまり，

$$f'(x) = \sum_{n=1}^{\infty} n a_n x^{n-1} = a_1 + 2a_2 x + 3a_3 x^2 + \cdots\cdots$$

である (ベキ級数のまま，多項式のように微分できる).

さらに，項別に積分して得られる級数についても，$f(x)$ を積分した関数と一致します．それが次の定理です．

定理 3.4 (項別積分)

収束円内で $(*)$ を関数 $f(x)$ とおく．$f(x)$ は積分可能 (連続だから) で，しかも，収束円内で，不定積分は項別に積分して得られるベキ級数と一致する．つまり，

$$\int_a^x f(t)\,dt = \sum_{n=0}^{\infty} \int_a^x a_n t^n \, dt$$
$$= \int_a^x a_0 \, dt + \int_a^x a_1 t \, dt + \int_a^x a_2 t^2 \, dt + \cdots\cdots$$

である (ベキ級数のまま，多項式のように積分できる).

3．ベキ級数とオイラーの公式

定理の使い方を，無限等比級数の微積分を例にみていきましょう．

≪例≫ーーーーーーーーーーーーーーーーーーーーーーー

実数 x に対し，ベキ級数

$$1+x+x^2+x^3+\cdots\cdots$$
$$(a_0=a_1=a_2=a_3=\cdots\cdots=1)$$

を考えます．

定理 3.1 の 1) を用いると，収束半径 r は

$$\lim_{n\to\infty}\sqrt[n]{|a_n|}=\lim_{n\to\infty}1=1 \quad \therefore \quad r=1$$

です．定理 3.1 の 2) を用いても，収束半径 r は

$$\lim_{n\to\infty}\frac{|a_{n+1}|}{|a_n|}=\lim_{n\to\infty}1=1 \quad \therefore \quad r=1$$

と分かります (当然ですが…)．

つまり，$|x|<1$ のとき，収束して，

$$1+x+x^2+x^3+\cdots\cdots=\lim_{n\to\infty}\frac{1-x^n}{1-x}=\frac{1}{1-x}$$

です．また，$|x|>1$ のときは発散します．

この例では，$x=1$，-1 のときにも発散します．なぜなら，$x=1$ のときは ∞ に発散しますし，$x=-1$ のときは，

(偶数個の和) $= 1-1+1-1+\cdots\cdots+1-1 = 0$
(奇数個の和) $= 1-1+1-1+\cdots\cdots-1+1 = 1$

となり，極限は存在しないからです．

収束するとき，つまり，$|x|<1$ のとき，

$$f(x) = 1 + x + x^2 + x^3 + \cdots\cdots = \frac{1}{1-x}$$

とおくことができて，定理 3.3 より，

$$f'(x) = 1 + 2x + 3x^2 + \cdots\cdots$$

となります (これも収束半径は 1 になることが，定理 3.1 の 2) から分かります)．実際に微分すると

$$\left(\frac{1}{1-x}\right)' = \frac{1}{(1-x)^2}$$

なので，これは $|x|<1$ のとき，

$$\frac{1}{(1-x)^2} = 1 + 2x + 3x^2 + \cdots\cdots$$

とベキ級数展開されるのです．

さらに，定積分は

$$\int_0^{\frac{1}{2}} f(t)\,dt = \int_0^{\frac{1}{2}} 1\,dt + \int_0^{\frac{1}{2}} t\,dt + \int_0^{\frac{1}{2}} t^2\,dt + \cdots\cdots$$

と計算できます．少し計算すると，

$$\begin{aligned}\int_0^{\frac{1}{2}} f(t)\,dt &= \int_0^{\frac{1}{2}} 1\,dt + \int_0^{\frac{1}{2}} t\,dt + \int_0^{\frac{1}{2}} t^2\,dt + \cdots\cdots \\ &= \bigl[\,t\,\bigr]_0^{\frac{1}{2}} + \Bigl[\frac{1}{2}t^2\Bigr]_0^{\frac{1}{2}} + \Bigl[\frac{1}{3}t^3\Bigr]_0^{\frac{1}{2}} + \cdots\cdots \\ &= \frac{1}{2} + \frac{1}{2}\Bigl(\frac{1}{2}\Bigr)^2 + \frac{1}{3}\Bigl(\frac{1}{2}\Bigr)^3 + \cdots\cdots\end{aligned}$$

となり，また，

$$\int_0^{\frac{1}{2}} f(t)\,dt = \int_0^{\frac{1}{2}} \frac{1}{1-x}\,dt = \bigl[-\log|1-x|\bigr]_0^{\frac{1}{2}}$$
$$= -\log\frac{1}{2} = \log 2$$

となるので，

$$\log 2 = \frac{1}{2} + \frac{1}{2}\Bigl(\frac{1}{2}\Bigr)^2 + \frac{1}{3}\Bigl(\frac{1}{2}\Bigr)^3 + \cdots\cdots$$

という関係式を作ることができます．

―――――――――――――――――――――――

次が，本章のメインテーマです．

収束円内で

$$\sum_{n=0}^{\infty} a_n x^n = a_0 + a_1 x + a_2 x^2 + \cdots\cdots = f(x)$$

とおくとき，このベキ級数を"**テイラー級数**"といいます．

➡ $f(x)$ が与えられた状態からテイラー級数を作る（"テイラー展開する"という）のは，実は厄介なのです．一方，ベキ級数の収束から始めると，『**$f(x)$ はテイラー展開可能である**』と分かった状態になり，議論はシンプルになります．

では，テイラー級数の係数の求め方を紹介しておきます．
収束円内で

$$a_0 + a_1 x + a_2 x^2 + a_3 x^3 + a_4 x^4 + a_5 x^5 + \cdots\cdots = f(x)$$

に対し，$f'(x)$ も同一収束円内で

$$a_1 + 2a_2 x + 3a_3 x^2 + 4a_4 x^3 + 5a_5 x^4 + \cdots\cdots = f'(x)$$

とベキ級数展開されています．

ということは，定理 3.3 より，$f'(x)$ も微分可能で，項別微分のベキ級数で表されます．

$$2a_2 + 3 \cdot 2a_3 x + 4 \cdot 3a_4 x^2 + 5 \cdot 4a_5 x^3 + \cdots\cdots = f''(x)$$

以下，同様にして，

$$3\cdot 2\cdot 1 a_3 + 4\cdot 3\cdot 2 a_4 x + 5\cdot 4\cdot 3 a_5 x^2 + \cdots\cdots = f'''(x),$$
$$4\cdot 3\cdot 2\cdot 1 a_4 + 5\cdot 4\cdot 3\cdot 2 a_5 x + \cdots\cdots = f''''(x),$$
$$\cdots\cdots$$

となります．ここで，微分の回数が多くなると，「'''''」などとなり，見た目が悪くなるので，

$$f(x) = f^{(0)}(x),\ f'(x) = f^{(1)}(x),\ f''(x) = f^{(2)}(x),\ \cdots\cdots$$

と表記することにします．

すると，上記から分かるように『$f^{(n)}(x)$ のベキ級数展開の**定数項**が

$$n!\, a_n\ (n = 0,\ 1,\ 2,\ 3,\ \cdots\cdots)$$

になる』ので，

$$f^{(n)}(0) = n!\, a_n \quad \therefore\quad a_n = \frac{f^{(n)}(0)}{n!}$$

となります ($0! = 1$ です)．

これらをまとめると，次の定理を得ます．

> **定理 3.5（テイラー級数の係数）**
>
> 収束円内で
>
> $$a_0 + a_1 x + a_2 x^2 + a_3 x^3 + a_4 x^4 + a_5 x^5 + \cdots\cdots = f(x)$$
>
> とベキ級数展開できるとき,
>
> $$\begin{aligned} f(x) &= \sum_{n=1}^{\infty} \frac{f^{(n)}(0)}{n!} x^n \\ &= \frac{f^{(0)}(0)}{0!} + \frac{f^{(1)}(0)}{1!} x + \frac{f^{(2)}(0)}{2!} x^2 \\ &\quad + \frac{f^{(3)}(0)}{3!} x^3 + \cdots\cdots \end{aligned}$$
>
> である (0! = 1).

では，いよいよ，第2章で述べた『"0でない実数のi乗"は絶対値が1の複素数』という性質について考えていきましょう．そのためには，"オイラーの公式"というものが必要になります．

複素数を介してみると，"三角関数と指数関数"に密接な関係があることに気付きます．まず，これらの関数を複素数に拡張するために，次の3つのベキ級数を考えます．

3．ベキ級数とオイラーの公式

① $\displaystyle\sum_{n=0}^{\infty}\frac{1}{n!}x^n = 1 + \frac{1}{1!}x + \frac{1}{2!}x^2 + \frac{1}{3!}x^3 + \cdots\cdots$

② $\displaystyle\sum_{m=0}^{\infty}\frac{(-1)^m}{(2m)!}x^{2m} = 1 - \frac{1}{2!}x^2 + \frac{1}{4!}x^4 - \frac{1}{6!}x^6 + \cdots\cdots$

③ $\displaystyle\sum_{m=0}^{\infty}\frac{(-1)^m}{(2m+1)!}x^{2m+1} = x - \frac{1}{3!}x^3 + \frac{1}{5!}x^5 - \frac{1}{7!}x^7 + \cdots\cdots$

という 3 つのベキ級数を考えます．

これらの収束半径 r は，いずれも ∞ になるのですが，これを定理 3.2 を使って確認します．

「① の収束半径は ∞」を定理 3.2 の 2) で示します．

$a_n = \dfrac{1}{n!}$ なので，

$$\lim_{n\to\infty}\frac{|a_{n+1}|}{|a_n|} = \lim_{n\to\infty}\frac{\left|\dfrac{1}{(n+1)!}\right|}{\left|\dfrac{1}{n!}\right|} = \lim_{n\to\infty}\frac{1}{n+1} = 0$$

となり，定理 3.2 の 2) より，収束半径は ∞ です．

① の $\{a_n\}$ で $\displaystyle\lim_{n\to\infty}\sqrt[n]{|a_n|}$ はどうなるのでしょうか？

定理 3.2 の 1) は，『収束するなら 0』ということを主張していますが，『収束すること』は保証していません．

$\displaystyle\lim_{n\to\infty}\sqrt[n]{|a_n|}$ が収束することを示しておきましょう．

そのために，第 2 章で登場した定理 2.1『有界な単調数列は収束する』を利用します．

$\sqrt[n]{|a_n|} = \sqrt[n]{\dfrac{1}{n!}}$ を考えます．

まず，単調性です．n 個目と $n+1$ 個目を $n(n+1)$ 乗して，差を計算することで，

$$\left(\sqrt[n]{\dfrac{1}{n!}}\right)^{n(n+1)} - \left(\sqrt[n+1]{\dfrac{1}{(n+1)!}}\right)^{n(n+1)}$$
$$= \dfrac{1}{(n!)^{n+1}} - \dfrac{1}{\{(n+1)!\}^n} \quad ((n+1)! = (n+1) \cdot n!)$$
$$= \dfrac{(n+1)^n - n!}{(n+1)^n (n!)^{n+1}} > 0$$
$$\therefore \quad \sqrt[n]{\dfrac{1}{n!}} > \sqrt[n+1]{\dfrac{1}{(n+1)!}}$$

より，単調減少になることが分かります．

正の値をとるので，有界性も分かります．

よって，定理 2.1 より，$\lim\limits_{n \to \infty} \sqrt[n]{|a_n|}$ は収束します．

「① の収束半径が ∞」から，定理 3.2 の 1) より，

$$\lim_{n \to \infty} \sqrt[n]{|a_n|} = 0$$

となります．

②,③の$\{a_n\}$については,

$$|a_n| = \frac{1}{n!} \quad \text{または} \quad 0$$

です.先ほど確認したことから,

$$\lim_{n \to \infty} \sqrt[n]{|a_n|} = 0$$

となり,定理 3.2 の 1) より,「②,③ の収束半径は ∞」となることが分かります.

　以上で,①,②,③ のベキ級数は,実数全体で定義される,何回でも微分できる関数を定めることが分かりました.それらを順に $f(x)$, $g(x)$, $h(x)$ とおいてみましょう.実は,

$$f(x) = e^x, \ g(x) = \cos x, \ h(x) = \sin x$$

となります.

　確認してみましょう！

　微分方程式を作って解いていきます."オイラーの公式"までもう少しです.

定理 3.3 より, 項別微分できることに注意します.

$$f(x) = 1 + \frac{1}{1!}x + \frac{1}{2!}x^2 + \frac{1}{3!}x^3 + \cdots\cdots$$
$$\rightarrow \quad f'(x) = 0 + \frac{1}{1!} + \frac{1}{2!}2x + \frac{1}{3!}3x^2 + \cdots\cdots$$
$$= 1 + \frac{1}{1!}x + \frac{1}{2!}x^2 + \frac{1}{3!}x^3 + \cdots\cdots$$
$$= f(x)$$

となり, しかも $f(0) = 1$ なので,

$$f(x) = e^x$$

と確定します (微分方程式を解きました).

次に, $g(x)$ と $h(x)$ を項別微分すると,

$$g(x) = 1 - \frac{1}{2!}x^2 + \frac{1}{4!}x^4 - \frac{1}{6!}x^6 + \cdots\cdots$$
$$h(x) = x - \frac{1}{3!}x^3 + \frac{1}{5!}x^5 - \frac{1}{7!}x^7 + \cdots\cdots$$
$$\rightarrow \quad g'(x) = 0 - \frac{1}{2!}2x + \frac{1}{4!}4x^3 + \cdots\cdots$$
$$= -\left(x - \frac{1}{3!}x^3 + \frac{1}{5!}x^5 - \frac{1}{7!}x^7 + \cdots\cdots\right)$$
$$= -h(x)$$
$$h'(x) = 1 - \frac{1}{3!}3x^2 + \frac{1}{5!}5x^4 - \frac{1}{7!}7x^6 + \cdots\cdots$$
$$= 1 - \frac{1}{2!}x^2 + \frac{1}{4!}x^4 - \frac{1}{6!}x^6 + \cdots\cdots$$
$$= g(x)$$

3. ベキ級数とオイラーの公式

となるので,

$$g''(x) = -g(x), \ h''(x) = -h(x)$$

となります.しかも,

$$g(0) = 1, \ g'(0) = 0,$$
$$h(0) = 0, \ h'(0) = 1$$

なので,微分方程式を解いて,

$$g(x) = \cos x, \ h(x) = \sin x$$

と確定します.

テイラー展開ができたら,『x の部分に複素数 z を代入する』ことで,『実数上の関数を複素数上の関数に拡張』できます(ベキ級数の収束は,実数でも複素数でも,絶対収束で考えれば良いのでした).

これで『指数関数,三角関数に複素数を代入した値』を定義できるということです.

では,オイラーの公式にいってみましょう.

オイラーの公式

実数 θ に対し,

$$e^{i\theta} = \cos\theta + i\sin\theta$$

が成り立つ.

上記の通り, $f(x)$, $g(x)$, $h(x)$ のベキ級数表記は,『x に複素数 $z = a + bi$ を代入しても収束する』ので, そうして得られた複素数の値 $f(z)$, $g(z)$, $h(z)$ を, それぞれ複素変数の指数関数, 三角関数と定めるのです.

公式の左辺は,

$$\begin{aligned}
e^{i\theta} &= f(i\theta) \\
&= 1 + \frac{1}{1!}(i\theta) + \frac{1}{2!}(i\theta)^2 + \frac{1}{3!}(i\theta)^3 + \frac{1}{4!}(i\theta)^4 \\
&\quad + \frac{1}{5!}(i\theta)^5 + \frac{1}{6!}(i\theta)^6 + \frac{1}{7!}(i\theta)^7 + \cdots\cdots
\end{aligned}$$

となります.

$$i^2 = -1, \ i^3 = -i, \ i^4 = 1$$

に注意して計算してみましょう.

3. ベキ級数とオイラーの公式

$$\begin{aligned}e^{i\theta} &= 1 + i\frac{1}{1!}\theta - \frac{1}{2!}\theta^2 - i\frac{1}{3!}\theta^3 + \frac{1}{4!}\theta^4 \\&\quad + i\frac{1}{5!}\theta^5 - \frac{1}{6!}\theta^6 - i\frac{1}{7!}\theta^7 + \cdots\cdots \\&= \left(1 - \frac{1}{2!}\theta^2 + \frac{1}{4!}\theta^4 - \frac{1}{6!}\theta^6 + \cdots\cdots\right) \\&\quad + i\left(\frac{1}{1!}\theta - \frac{1}{3!}\theta^3 + \frac{1}{5!}\theta^5 - \frac{1}{7!}\theta^7 + \cdots\cdots\right) \\&= g(\theta) + ih(\theta) \\&= \cos\theta + i\sin\theta\end{aligned}$$

となります．オイラーの公式が正しいことが分かりました．
($\theta = \pi$ を代入して得られる

$$『e^{i\pi} = -1』$$

は有名ですね)

これを利用して $e^{(複素数)}$ を定義すると，実数 a, b に対し，

$$e^{a+bi} = e^a e^{bi} = e^a(\cos b + i\sin b)$$

となります．特に，絶対値は

$$|e^{a+bi}| = |e^a||\cos b + i\sin b| = |e^a|$$

です．第2章での(Ⅰ)の証明で用いた『"0 でない実数の i 乗"は絶対値が 1 の複素数』というのは，こういうことだったのです．

では，本章の最後に"**一様収束**"という概念について触れておきます．

"関数の列 $\{f_n(x)\}$ が関数 $f(x)$ に収束する"とは，『定義域内の任意の $x = a$ を代入したとき，数列 $\{f_n(a)\}$ が $f(a)$ に収束する』ことをいいます．

このとき，各点 $x = a$ での"収束する速さ"は異なっていることが普通です．

例えば，$\varepsilon = 0.0001$ をとるとき，

$x = 1$ では $n \geq 100$ のとき $|f_n(1) - f(1)| < \varepsilon$

$x = 2$ では $n \geq 1000$ のとき $|f_n(2) - f(2)| < \varepsilon$

$x = 3$ では $n \geq 10000000000$ のとき $|f_n(3) - f(3)| < \varepsilon$

………

というように，各点で近付く速さが違うことがあります．

"一様収束"とは，例えば，$\varepsilon = 0.0001$ をとるとき，『ある N より大きい自然数 n なら，

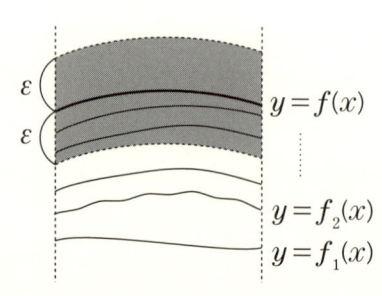

$$|f_n(1)-f(1)|<\varepsilon,\ |f_n(2)-f(2)|<\varepsilon,$$
$$|f_n(3)-f(3)|<\varepsilon,\ \cdots\cdots$$

のように，どんな x でも

$$|f_n(x)-f(x)|<\varepsilon$$

となること』をいいます (詳細は [1] などを参照)．つまり，『十分大きい番号 n では，$y=f_n(x)$ のグラフが，$y=f(x)$ から ε の幅の中に"スッポリ"入る』ということです．このとき，元々の $\{f_n(x)\}$ の情報が極限関数 $f(x)$ に色濃く反映されます．

定理 3.6（一様収束条件下での微積分）

(A) 連続関数の列 $\{f_n(x)\}$ が $f(x)$ に一様収束するなら，$f(x)$ は連続である．さらに，

$$\lim_{n\to\infty}\int_a^x f_n(t)\,dt = \int_a^x f(t)\,dt$$

が成り立つ．特に，右辺は連続で，収束は一様 である．

(B) 微分可能な関数の列 $\{f_n(x)\}$ が $f(x)$ に収束し，導関数の列 $\{f_n'(x)\}$ が $t(x)$ に一様収束するなら，$f(x)$ は微分可能で，$f'(x)=t(x)$ である．

《定理 3.3, 3.4 との関係は？》

$$f_n(x) = a_0 + a_1 x + a_2 x^2 + \cdots\cdots + a_n x^n$$

としたら，$f(x)$ はテイラー展開になります．正しくは，『**ベキ級数は絶対収束するとき，一様収束**』と分かっているので，これらの定理を証明するのに定理 3.6 を用います (説明の都合上，順番が前後しました)．詳細は参考文献 [1] などで．

一様収束の意味を理解するためには，一様収束でない例をみることが手っ取り早いでしょう．

≪例≫--------------------------

正の実数 x と自然数 n に対して，

$$f_n(x) = \frac{2}{1+x^n}$$

と定めます．

極限関数 $f(x)$ を求めると，

1) $0 < x < 1$ のとき，$x^n \to 0$ なので，

$$\lim_{n \to \infty} \frac{2}{1+x^n} = 2$$

2) $x = 1$ のとき，$x^n = 1$ なので，

$$\lim_{n \to \infty} \frac{2}{1+x^n} = 1$$

3) $x > 1$ のとき,$x^n \to \infty$ なので,

$$\lim_{n \to \infty} \frac{2}{1+x^n} = 0$$

です.よって,

$$f(x) = \begin{cases} 2 & (0 < x < 1) \\ 1 & (x = 1) \\ 0 & (x > 1) \end{cases}$$

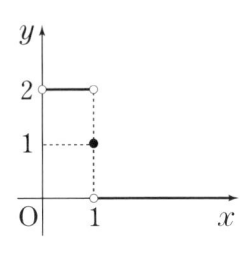

となります.

$f_n(x)$ は連続ですが,$f(x)$ は連続ではありません.『収束が一様でない』ことが原因です($x=1$ 周辺に注目!).

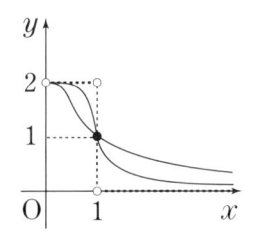

最後に,一様収束する条件を.

定理 3.7(ワイヤシュトラスの M- 判定法)

D 上の関数列 $\{f_n(x)\}$ に対し,正数列 $\{M_n\}$ で

1) すべての D 内の x と n で,$|f_n(x)| \leqq M_n$

2) $\sum_{n=1}^{\infty} M_n$ は収束

となるものがあれば,$\sum_{n=1}^{\infty} f_n(x)$ は一様収束する.

これで複素解析を説明するための準備が完了しました.

4．正則関数とその性質

4．正則関数とその性質

　第4章では，複素関数についての理論を，例を利用しながら紹介します．複素微分についての基本概念を紹介し，複素解析の不思議な世界へ導いていきます．

　本章末では，素数定理の証明中にあった，リーマンのゼータ関数についての命題（Ⅱ）を証明します．

　複素関数 $w=f(z)$ とは，複素数 $z=x+yi$ （x, y は実数）を代入して，複素数

$$w=u(x,\ y)+iv(x,\ y)$$
$$(u,\ v は 2 変数の実数値関数)$$

を得るルールのことです．

　例えば，

$$f(z)=z^2$$

は，$z=x+yi$ として

$$z^2=x^2+2xyi+(yi)^2=(x^2-y^2)+(2xy)i$$

となるので，

$$u(x,\ y)=x^2-y^2,\ v(x,\ y)=2xy$$

ということです．他には，

$$g(z) = |z| = \sqrt{x^2 + y^2}$$

とおくと，

$$u(x, y) = \sqrt{x^2 + y^2} , \ v(x, y) = 0$$

です．さらに，指数関数

$$h(z) = e^z$$

は，$z = x + yi$ として，オイラーの公式から

$$e^z = e^x e^{iy} = e^x(\cos y + i \sin y)$$

とできるので，

$$u(x, y) = e^x \cos y, \ v(x, y) = e^x \sin y$$

となります．

複素関数 $w = f(z)$ を図にするには，

$$z = x + yi, \ w = u + vi$$

より，4次元空間が必要です．しかし，それは困難なので，細かく分けてイメージをつかんでみましょう．

例えば，先ほどの

$$f(z) = z^2$$
$$= x^2 - y^2 + 2xyi$$

で，$x = 1$ とします．すると，

$$f(z) = 1 - y^2 + 2yi$$
$$\therefore \quad u = 1 - y^2, \ v = 2y$$

です．

次に，$y = 2$ としたらどうなるでしょうか．

$$f(z) = x^2 - 4 + 4xi$$
$$\therefore \quad u = x^2 - 4, \ v = 4x$$

です．

これらを組み合わせて，

$$f(1 + 2i) = -3 + 4i$$

の周辺での $w = f(z)$ の様子を想像するしかありません．

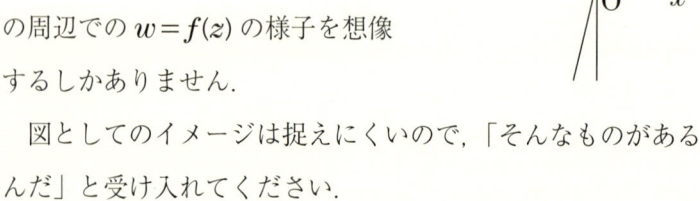

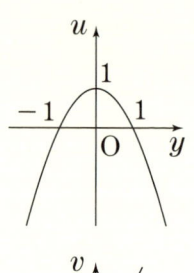

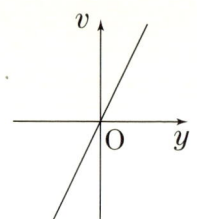

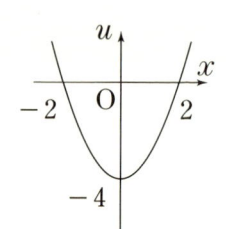

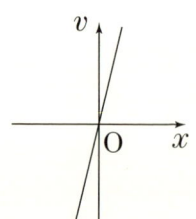

図としてのイメージは捉えにくいので，「そんなものがあるんだ」と受け入れてください．

引き続き，微分可能性の定義をみていきます．

"$f(z)$ が $z=z_0$ で微分可能" とは，『極限

$$\lim_{z \to z_0} \frac{f(z)-f(z_0)}{z-z_0}$$

が収束する』ことをいいます (実数値関数のときと同じです)．

ここで注意点が 1 つあります．

「$z \to z_0$」とは，$|z-z_0| \to 0$ と いうことで，『z がどのような方法 で z_0 に近づいても，同一の極限値 に収束する』という意味なのです．

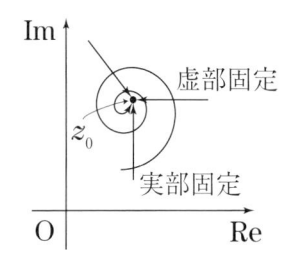

実数値の場合は 1 次元だから 簡単ですが，複素数は 2 次元的に動けるので，様々な近づき 方があります．

《「どんな近づけ方でも…」をどう扱うのでしょうか？》

実は，『図の「虚部固定」と「実部固定」が同じ極限値に収 束すれば，どんな近づけ方でも同じ極限値に収束する』こと が分かっています．この 2 つの近づけ方だけを考えます．

$$z_0 = x_0 + iy_0,\ z = x + iy,$$
$$f(z) = u(x,\ y) + iv(x,\ y)$$

とおきます．すると…

○ 「虚部固定」とは，『$z=x+iy_0$ だけ考えながら，$x \to x_0$ という極限を計算する』ということです．

$$\lim_{x \to x_0} \frac{f(x+iy_0)-f(x_0+iy_0)}{x-x_0}$$
$$= \lim_{x \to x_0} \Big(\frac{u(x, y_0)-u(x_0, y_0)}{x-x_0} + i\frac{v(x, y_0)-v(x_0, y_0)}{x-x_0} \Big)$$

○ 「実部固定」とは，『$z=x_0+iy$ だけ考えながら，$y \to y_0$ という極限を計算する』ということです．

$$\lim_{y \to y_0} \frac{f(x_0+iy)-f(x_0+iy_0)}{i(y-y_0)}$$
$$= \lim_{y \to y_0} \Big(\frac{u(x_0, y)-u(x_0, y_0)}{i(y-y_0)} + i\frac{v(x_0, y)-v(x_0, y_0)}{i(y-y_0)} \Big)$$
$$= \lim_{y \to y_0} \Big(-i\frac{u(x_0, y)-u(x_0, y_0)}{y-y_0} + \frac{v(x_0, y)-v(x_0, y_0)}{y-y_0} \Big)$$

ここで，偏微分というものを導入します．

2変数関数 $u(x, y)$ で，『一方の変数を「定数」と見なして他方の変数で微分する』ことを，"偏微分"といいます．

4. 正則関数とその性質

例えば, u を x で偏微分したものを

$$\frac{\partial u}{\partial x}(x, y) \quad (\partial \cdots \text{デルと読みます})$$

と書きます(簡単に u_x とも書きます).

この表記を使うと, u, v が (x_0, y_0) において偏微分可能なとき, 「虚部固定」と「実部固定」の極限値は, それぞれ

$$\frac{\partial u}{\partial x}(x_0, y_0) + i\frac{\partial v}{\partial x}(x_0, y_0),$$
$$\frac{\partial v}{\partial y}(x_0, y_0) - i\frac{\partial u}{\partial y}(x_0, y_0)$$

と表せます.

よって,

> "$f(z)$ が $z=z_0$ で微分可能" とは, 『u, v が (x_0, y_0) において偏微分可能で, しかも
>
> $$\frac{\partial u}{\partial x} = \frac{\partial v}{\partial y}, \frac{\partial v}{\partial x} = -\frac{\partial u}{\partial y} \quad \cdots\cdots\cdots \quad (*)$$
> $$(u_x = v_y, u_y = -v_x)$$
>
> が成り立つことである』

と言い換えられます. $(*)$ を"コーシー・リーマンの微分方程式"といいます.

微分可能性は各点で定義されるものです．

『ある点 $z=\alpha$ のある周辺領域のすべての点で微分可能』のとき，"α において正則"ということにします．また，『ある領域 D の各点で正則』なとき，"D で正則"といいます．

先ほど挙げた例の検証をしておきましょう．

まず，

$$f(z) = z^2 = x^2 - y^2 + 2xyi$$

において，u, v はすべての x, y に対して偏微分可能で，

$$u_x = 2x, \ u_y = -2y, \ v_x = 2y, \ v_y = 2x$$

です．例えば，$z = 1 + 2i$ において，

$$f(z) = -3 + 4i,$$
$$u_x = 2, \ u_y = -4, \ v_x = 4, \ v_y = 2$$

です．これらは，先ほどの4つの図それぞれでの接線の傾きを表しています．

また，コーシー・リーマンの微分方程式

$$u_x = v_y = 2x, \ u_y = -v_x = -2y \quad \cdots\cdots\cdots \quad (*)$$

が成り立つので，『$f(z)$ は複素平面全体で正則』です．このような関数を"**整関数**"と呼びます．

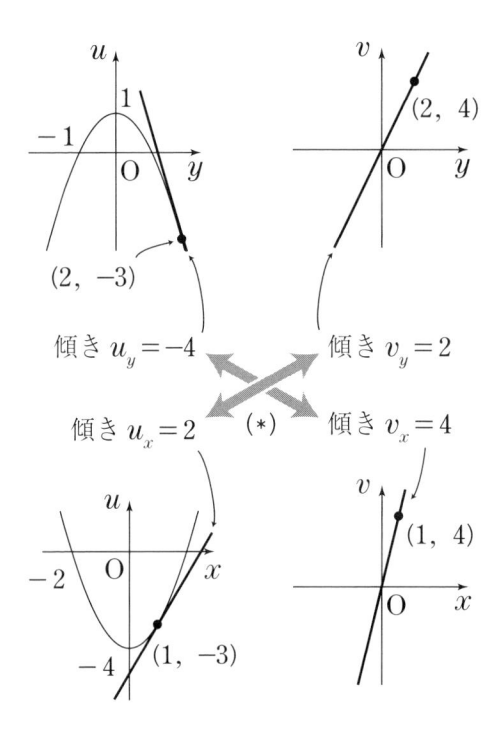

次に,

$$g(z) = |z| = \sqrt{x^2 + y^2}$$

において, $v = 0$ です. u は $x = y = 0$ 以外で偏微分可能で,

$$u_x = \frac{x}{\sqrt{x^2 + y^2}},\ u_y = \frac{y}{\sqrt{x^2 + y^2}},$$
$$v_x = v_y = 0$$

となりますが, どんな x, y でも $(*)$ を満たしません.

よって，$g(z)$ はすべての点で微分不可能です．

ここに，複素関数と実数関数の違いが見えてきます．

実数の場合，$y=|x|$ は $x=0$ 以外で微分可能でした．一方，複素微分では，「どの方向でも同じ極限値」という強い制限があり，どこでも微分不可能になるのです．

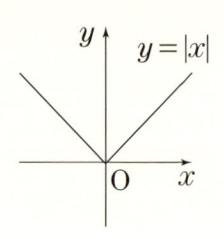

この例からも分かるように，正則というのは，かなり特殊な状況なのです（「驚くほど扱いやすい」という意味での"特殊"です！）．

では，最後に，指数関数

$$h(z)=e^z=e^x(\cos y+i\sin y)$$

の正則性を確認します．

u, v はすべての x, y に対して偏微分可能で，

$$u_x=e^x\cos y, \quad u_y=-e^x\sin y,$$
$$v_x=e^x\sin y, \quad v_y=e^x\cos y$$
$$\therefore \quad u_x=v_y, \quad u_y=-v_x \quad \cdots\cdots\cdots \quad (*)$$

が成り立ちます．

よって，$h(z)$ は複素平面全体で正則，つまり，整関数です．

次は，例として考えてきた $f(z)$, $h(z)$ の導関数

$$u_x + iv_x \, (= v_y - iu_y)$$

を考えていきましょう．

$$f(z) = z^2 = x^2 - y^2 + 2xyi$$

においては，

$$u_x = 2x, \ v_x = 2y$$
$$\therefore \ f'(z) = 2x + 2yi = 2z$$

です．また，

$$h(z) = e^z = e^x(\cos y + i\sin y)$$

においては，

$$u_x = e^x \cos y, \ v_x = e^x \sin y$$
$$\therefore \ h'(z) = e^x \cos y + ie^x \sin y = h(z)$$

です．

$$(z^2)' = 2z, \ (e^z)' = e^z$$

となり，いずれも実数値関数のときと同じ計算結果になっていますね．正則な場合は，難しく考えなくても良いのです．

101

《正則性を判定する方法はないのでしょうか？》

「偏微分して (∗) を確認」という作業を毎回やっていては，正則性のチェックは面倒です．もちろん，正則性を判定する公式はいくつもあります．

ここでは，リーマンのゼータ関数

$$\zeta(s) = \sum_{n=1}^{\infty} \frac{1}{n^s} \quad (\mathrm{Re}(s) > 1)$$

の正則性を確認するために，いくつか公式を紹介します．

定理 4.1

正則関数の四則演算，合成で得られる関数は正則である (ただし，商は分母が 0 になる場合は除く)．さらに，

$$(f(g(z)))' = f'(g(z)) \cdot g'(z)$$

などのように，実数値関数のときと同じ計算公式を使うことができる．

例えば，正則な関数

$$f(z) = z^2, \ h(z) = e^z$$

に対して，

$$f(z)+h(z),\ f(z)-h(z),\ f(z) \cdot h(z),\ \frac{f(z)}{h(z)},\ h(f(z))$$

は正則です．定理 4.1 によると，それぞれの導関数は，

$$(f(z)+h(z))'=2z+e^z,$$
$$(f(z)-h(z))'=2z-e^z,$$
$$(f(z) \cdot h(z))'=2z \cdot e^z+z^2 \cdot e^z=z(z+2)e^z,$$
$$\Bigl(\frac{f(z)}{h(z)}\Bigr)'=\frac{2z \cdot e^z-z^2 \cdot e^z}{\{e^z\}^2}=\frac{z(2-z)}{e^z},$$
$$\{h(f(z))\}'=h'(f(z)) \cdot f'(z)=e^{z^2} \cdot 2z$$

となります．

最後の合成関数を偏微分で確認しておきます．

$$h(f(z))=e^{z^2}=e^{(x^2-y^2)+(2xy)i}$$
$$=e^{(x^2-y^2)}(\cos 2xy+i\sin 2xy)$$
$$\therefore\quad u=e^{(x^2-y^2)}\cos 2xy,\ v=e^{(x^2-y^2)}\sin 2xy$$

なので，

$$u_x=2xe^{(x^2-y^2)}\cos 2xy+e^{(x^2-y^2)}(-2y)\sin 2xy,$$
$$u_y=-2ye^{(x^2-y^2)}\cos 2xy+e^{(x^2-y^2)}(-2x)\sin 2xy,$$
$$v_x=2xe^{(x^2-y^2)}\sin 2xy+e^{(x^2-y^2)}(2y)\cos 2xy,$$
$$v_y=-2ye^{(x^2-y^2)}\sin 2xy+e^{(x^2-y^2)}(2x)\cos 2xy$$
$$\therefore\quad u_x=v_y,\ u_y=-v_x \quad \cdots\cdots\cdots\quad (*)$$

より，正則です．そして，導関数は，

$$\begin{aligned}
\{h(f(z))\}' &= u_x + iv_x \\
&= \{2xe^{(x^2-y^2)}\cos 2xy + e^{(x^2-y^2)}(-2y)\sin 2xy\} \\
&\quad + i\{2xe^{(x^2-y^2)}\sin 2xy + e^{(x^2-y^2)}(2y)\cos 2xy\} \\
&= 2e^{(x^2-y^2)}(x+iy)(\cos 2xy + i\sin 2xy) \\
&= e^{z^2} \cdot 2z
\end{aligned}$$

です．これで，定理 4.1 の正しさは納得できますね．

$\zeta(s)$ の正則性判定に必要な定義を確認しておきます．

複素平面の領域 D で定義された関数列 $\{f_n(x)\}$ が，『D 内の任意の有界閉集合で一様収束する』とき，"広義一様収束"するといいます．

ここで，集合が"有界"とは，『原点 O から有限の距離の中に入る』ことをいい，集合が"閉"とは，『境界線上の点も集合に含まれている』ことをいいます．

例えば，「$1+3i$ を中心とする半径 2 の円の周および内部」の集合は有界閉集合です．この円の「周」だけの集合は，境界がないので有界閉集合です (1 次元の集合です)．

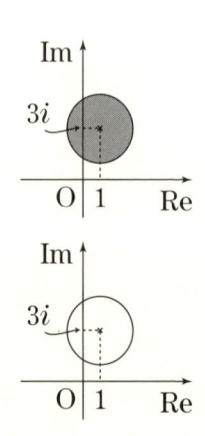

定理 4.2（広義一様収束と正則性）

領域 D で正則な関数の列 $\{f_n(x)\}$ が極限関数 $f(x)$ に広義一様収束するなら，$f(x)$ は正則である．しかも，導関数の列 $\{f_n'(x)\}$ も $f'(x)$ に広義一様収束する．

ここからリーマンのゼータ関数

$$\zeta(s) = \sum_{n=1}^{\infty} \frac{1}{n^s} \quad (\mathrm{Re}(s) > 1)$$

を考えます．$\zeta(s)$ は，関数

$$\zeta_N(s) = \sum_{n=1}^{N} \frac{1}{n^s} = \frac{1}{1^s} + \frac{1}{2^s} + \cdots\cdots + \frac{1}{N^s}$$

の列 $\{\zeta_N(s)\}$ の極限関数です（$\mathrm{Re}(s) > 1$ で収束することは第 2 章で確認済みです）．

$$n^{-s} = e^{-(\log n)s}$$

は正則なので，それらの有限和で表される $\zeta_N(s)$ は，定理 4.1 から，正則です．

よって，広義一様収束であることが分かれば，定理 4.2 から $\zeta(s)$ が正則になることが分かります．

以下で証明していきます．

有界閉集合 D をとり，一様収束の証明には，ワイヤシュトラスの M- 判定法 (定理 3.7) を用います (これは実数 x に対してだけではなく，複素数 z に対しても有効です).

　$\mathrm{Re}(s) > 1$ 内の有界閉集合 D をとると，ある a について，

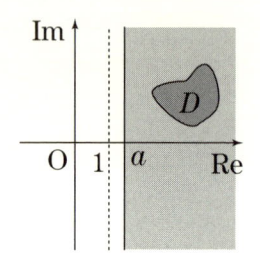

$$\mathrm{Re}(s) \geqq a \ (a > 1)$$

に含まれます．

　M- 判定法を使うために

$$f_n(s) = \frac{1}{n^s}$$

とおきます．すると，D で

$$|f_n(s)| = \left|\frac{1}{n^s}\right| = \frac{1}{n^{\mathrm{Re}(s)}} \quad (\because \ |n^{i\mathrm{Im}(s)}| = 1)$$
$$\leqq \frac{1}{n^a} \ (= M_n)$$

が成り立ちます．

　$a > 1$ より，$\sum_{n=1}^{\infty} M_n = \zeta(a)$ が収束するので，ワイヤシュトラスの M- 判定法より，$\sum_{n=1}^{\infty} f_n(x)$ は D で一様収束します．

定理 3.7 より，$\{\zeta_N(s)\}$ が広義一様収束することが分かります．

よって，リーマンのゼータ関数 $\zeta(s)$ は $\mathrm{Re}(s) > 1$ で正則です．

次に，素数定理の証明に必要な関数

$$\Phi(s) = \sum_p \frac{\log p}{p^s} \quad (\mathrm{Re}(s) > 1)$$

の正則性を示します．まだ収束することも示していないので，合わせて証明します．

$\zeta(s)$ のときと同様に，まず，$\mathrm{Re}(s) > 1$ 内の有界閉集合 D をとり，実数 a をとって D が

$$\mathrm{Re}(s) \geqq a \ (a > 1)$$

に含まれるとします．

M - 判定法を使うために

$$f_n(s) = \begin{cases} \dfrac{\log p}{p^s} & (n = p) \\ 0 & (n \neq p) \end{cases}$$

とおきます．

収束するなら, $\Phi(s) = \sum_{n=1}^{\infty} f_n(x)$ となります.

M_n を作りましょう.

まず, D で

$$\left| f_n(s) \right| \leq \left| \frac{\log n}{n^s} \right| \leq \frac{\log n}{n^a}$$

が成り立ちます.

ここで, 対数関数 $y = \log x$ と, その $(1, 0)$ における接線 $y = x - 1$ と上下関係

$\log x \leq x - 1 \ (x > 0)$

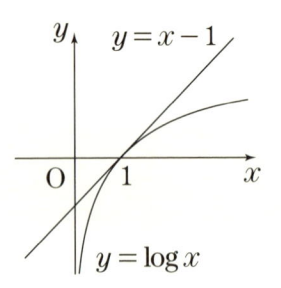

を利用します.

$a > 1$ より, $a = 1 + 2b \ (b > 0)$ とおけて,

$$\log n^b \ (= b \log n) \leq n^b - 1 \ (< n^b) \quad \therefore \quad \log n < \frac{1}{b} n^b$$

となります. よって,

$$\left| f_n(s) \right| \leq \frac{\log n}{n^a} \leq \frac{1}{b} \cdot \frac{n^b}{n^a} = \frac{1}{b} \cdot \frac{1}{n^{1+b}} \ (= M_n)$$

が成り立ちます.

4．正則関数とその性質

$b>0$ より，$\sum_{n=1}^{\infty} M_n = \dfrac{1}{b}\zeta(1+b)$ が収束するので，ワイヤシュトラスの M - 判定法より，$\sum_{n=1}^{\infty} f_n(x)$ は D で一様収束します．

先ほどと同様にして，$\Phi(s)$ は $\mathrm{Re}(s)>1$ で正則になることが分かります (もちろん，収束します)．

では，本章最後に

> （Ⅱ）　$\zeta(s)-\dfrac{1}{s-1}$ は正則関数として $\mathrm{Re}(s)>0$ に拡張できる．

を証明しましょう．

ここで，『正則関数として $\mathrm{Re}(s)>0$ に拡張できる』というのは，『単独では $s=1$ で定義できない 2 つの関数 $\zeta(s)$ と $\dfrac{1}{s-1}$ をセットにすると $\zeta(s)-\dfrac{1}{s-1}$ を定義することができ，しかもそれが $\mathrm{Re}(s)>0$ で正則になる』ということです．

≪(Ⅱ)の証明≫~~~~~~~~~~~~~~~~~~~~~~~

M-判定法を利用して示します。そのために，$\dfrac{1}{s-1}$ を無限級数の形にする必要がありますが，ひとまず，無限区間での積分で表します。未定義の複素積分を含みますが，s が実数の場合と同様に計算できるものとして読み進めてください

$\mathrm{Re}(s) > 1$ に対し，

$$\int_1^\infty \frac{1}{x^s}\,dx = \lim_{n\to\infty}\int_1^n \frac{1}{x^s}\,dx = \lim_{n\to\infty}\left[\frac{1}{1-s}\cdot\frac{1}{x^{s-1}}\right]_1^n$$
$$= \lim_{n\to\infty}\frac{1}{1-s}\left(\frac{1}{n^{s-1}}-1\right) = \frac{1}{s-1}$$
$$\therefore\quad \frac{1}{s-1} = \sum_{n=1}^\infty \int_n^{n+1} \frac{1}{x^s}\,dx$$

となります。

よって，$\zeta(s) - \dfrac{1}{s-1}$ の定義域を拡張するために，無限級数

$$\sum_{n=1}^\infty \left(\frac{1}{n^s} - \int_n^{n+1}\frac{1}{x^s}\,dx\right) = \sum_{n=1}^\infty \int_n^{n+1}\left(\frac{1}{n^s} - \frac{1}{x^s}\right)dx$$

を考えれば良いことになります。

この無限級数が $\mathrm{Re}(s) > 0$ で広義一様収束することを示せば，定理4.2から正則性が分かります。そして，広義一様収束はM-判定法を用いて示します。

$\zeta(s)$，$\Phi(s)$ のときと同様の流れです。

$\operatorname{Re}(s) > 0$ 内の有界閉集合 D をとり，ある a により，

$$\operatorname{Re}(s) \geqq a \ (a > 0)$$

に含まれるようにしておきます．

$$\frac{1}{n^s} - \frac{1}{x^s} = \left[-\frac{1}{t^s} \right]_n^x = \int_n^x \frac{s}{t^{s+1}} \, dt$$

となることに注意すると，

$$\int_n^{n+1} \Bigl(\frac{1}{n^s} - \frac{1}{x^s} \Bigr) dx = \int_n^{n+1} \Bigl(\int_n^x \frac{s}{t^{s+1}} \, dt \Bigr) dx$$

です．ゆえに，

$$\begin{aligned}
\Bigl| \int_n^{n+1} \Bigl(\frac{1}{n^s} - \frac{1}{x^s} \Bigr) dx \Bigr| &= \Bigl| \int_n^{n+1} \Bigl(\int_n^x \frac{s}{t^{s+1}} \, dt \Bigr) dx \Bigr| \\
&\leqq \int_n^{n+1} \Bigl(\int_n^x \Bigl| \frac{s}{t^{s+1}} \Bigr| dt \Bigr) dx \\
&\leqq \int_n^{n+1} \Bigl(\int_n^x \frac{|s|}{t^{\operatorname{Re}(s)+1}} \, dt \Bigr) dx \\
&\leqq \int_n^{n+1} \Bigl(\int_n^{n+1} \frac{|s|}{t^{\operatorname{Re}(s)+1}} \, dt \Bigr) dx
\end{aligned}$$

となります．最後の積分は，右のような領域 (面積は 1) の上にある立体の体積を表すものです．

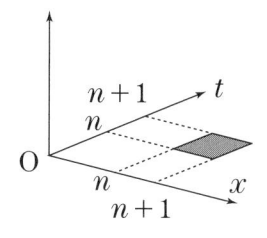

$$n^{\text{Re}(s)+1} \leq t^{\text{Re}(s)+1} \leq (n+1)^{\text{Re}(s)+1}$$

なので,高さの最大値を利用して,

$$\left| \int_n^{n+1} \left(\frac{1}{n^s} - \frac{1}{x^s} \right) dx \right| \leq \frac{|s|}{n^{\text{Re}(s)+1}} \leq \frac{|s|}{n^{a+1}} \ (= M_n)$$

となります

$a+1 > 1$ なので,$\sum_{n=1}^{\infty} M_n = |s|\zeta(a+1)$ が収束し,ワイヤシュトラスの M-判定法より,

$$\sum_{n=1}^{\infty} \int_n^{n+1} \left(\frac{1}{n^s} - \frac{1}{x^s} \right) dx$$

は D で一様収束します.よって,これは $\text{Re}(s) > 0$ で正則です.

$\text{Re}(s) > 1$ で

$$\zeta(s) - \frac{1}{s-1} = \sum_{n=1}^{\infty} \int_n^{n+1} \left(\frac{1}{n^s} - \frac{1}{x^s} \right) dx$$

なので,$\zeta(s) - \dfrac{1}{s-1}$ が正則関数として $\text{Re}(s) > 0$ に拡張できた,ということです.

以上で (II) は証明できました.

~~~~~~~~~~~~~~~~~~~~~~~~~~~~~

(Ⅱ) から，

$$\zeta(s) = \frac{1}{s-1} + (\text{正則関数}) \ (\mathrm{Re}(s) > 0)$$

となることが分かりました．

両辺に $(s-1)$ をかけることで，$(s-1)\zeta(s)$ は正則になりますが，$s=1$ はどのように扱うのでしょうか？

次章では，この形の意味を探るために，"**解析関数**" について確認し，さらに "**有理型関数**" についても紹介します．

5. 正則性と解析性

5. 正則性と解析性

本章では,『微分可能性を意味する正則性』と『テイラー展開可能性を表す解析性』が一致することを紹介し,複素解析の理論を展開していきます.

ベキ級数は絶対収束するなら一様収束で,しかも,項別微分積分が可能です.つまり,第3章で述べた実数値関数としての性質は,複素関数でもそのまま利用できます.

これを踏まえて解析関数を定義していきましょう.

領域 D で定義された関数 $f(z)$ が D 内の点 z_0 で "ベキ級数展開可能" とは,『z_0 の周辺で

$$f(z) = a_0 + a_1(z - z_0) + a_2(z - z_0)^2 + \cdots\cdots$$

とテイラー展開できる』ということです (もちろん,各点のまわりに "収束円" が存在しています).

『D の各点でベキ級数展開可能な関数』を D 上の "解析関数" といいます.

ベキ級数は収束円内で項別微分可能ですから,正則です.しかも,項別微分を繰り返すことができて,『収束円内で何回でも微分可能』になります.

そして,係数は定理3.5より,

$$a_n = \frac{f^{(n)}(z_0)}{n!} \quad (n = 0, 1, 2, \cdots\cdots)$$

となります．

ここで注意しておくことがあります．

右のように，各点での展開に収束円があります．複数の収束円 (z_0 と z_1 での展開) の共通部分になっている点 $z = \alpha$ では，

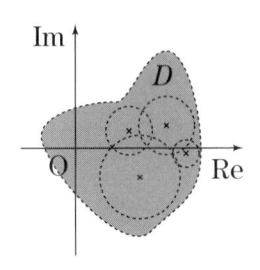

$$\begin{aligned}f(\alpha) &= a_0 + a_1(\alpha - z_0) + a_2(\alpha - z_0)^2 + \cdots\cdots \\ &= b_0 + b_1(\alpha - z_1) + b_2(\alpha - z_1)^2 + \cdots\cdots\end{aligned}$$

のように，何種類もの展開がなされています．

複素解析においてとても重要な定理を述べておきます．

定理 5.1（正則性と解析性）

領域 D で正則な関数 $f(z)$ は，D 内で解析的である．

次も重要な定理です．先ほど述べたことの逆のような事実で，「正則というのがどれほど強力な制約なのか」を実感できます．既に（Ⅰ）の証明中に触れたものです．

定理 5.2（一致の定理，解析接続の原理）

領域 D で正則な関数 $f(z)$, $g(z)$ が D 内の小領域 D' において $f(z)=g(z)$ ならば，D において常に $f(z)=g(z)$ である．

前章で示した（Ⅱ）に関連していうと，$\text{Re}(s) > 0$ で正則な $\sum_{n=1}^{\infty} \int_{n}^{n+1} \left(\frac{1}{n^s} - \frac{1}{x^s} \right) dx$ は，$\text{Re}(s) > 1$ で正則関数 $\zeta(s) - \frac{1}{s-1}$ と一致しました．そのような関数は他にはないので，

$$\zeta(s) - \frac{1}{s-1} = \sum_{n=1}^{\infty} \int_{n}^{n+1} \left(\frac{1}{n^s} - \frac{1}{x^s} \right) dx \quad (\text{Re}(s) > 0)$$

といっても問題ないわけです．

これと関連して，テイラー展開と正則性について，次の例でみていきましょう．"極"というものの性質がみえてくると思います．

≪例≫――――――――――――――――――

$z=1$ 以外で定義された関数

$$f(z) = \frac{1}{z-1}$$

について考えます（このような $z=1$ を"極"といいます）．

$z=x+yi$ とおくと,

$$f(z)=\frac{1}{(x-1)+yi}=\frac{(x-1)-yi}{(x-1)^2+y^2}$$

となり, 実部, 虚部は

$$u(x,\ y)=\frac{x-1}{(x-1)^2+y^2},\ v(x,\ y)=-\frac{y}{(x-1)^2+y^2}$$

です. $z=1$ は考えないので, どこでも偏微分可能で,

$$u_x=\frac{-(x-1)^2+y^2}{\{(x-1)^2+y^2\}^2},\ u_y=-\frac{2(x-1)y}{\{(x-1)^2+y^2\}^2},$$
$$v_x=\frac{2(x-1)y}{\{(x-1)^2+y^2\}^2},\ v_y=\frac{-(x-1)^2+y^2}{\{(x-1)^2+y^2\}^2}$$

となります.

しかもコーシー・リーマンの微分方程式

$$u_x=v_y,\ u_y=-v_x \quad \cdots\cdots\cdots \quad (*)$$

を満たしているから, $f(z)$ は正則です.

どんな方法でも同じ導関数だったので, x での偏微分で

$$f'(z)=u_x+v_x i=\frac{\{-(x-1)^2+y^2\}+\{2(x-1)y\}i}{\{(x-1)^2+y^2\}^2}$$

と導関数を求めることができます. 実は,

$$\frac{1}{(z-1)^2} = \left(\frac{(x-1)-yi}{(x-1)^2+y^2}\right)^2 = \frac{(x-1)^2-y^2-2(x-1)yi}{\{(x-1)^2+y^2\}^2}$$

なので，

$$\left(\frac{1}{z-1}\right)' = -\frac{1}{(z-1)^2}$$

となっています (実数値関数のときと同じですね).

正則関数は解析的なので，何回でも微分可能で，実数値関数のときと同様に計算できて，

$$f^{(n)}(z) = \left(\frac{1}{z-1}\right)^{(n)} = \frac{(-1)^n n!}{(z-1)^{n+1}}$$

となります (数学的帰納法でキッチリ示すことができます).

これを利用して，いくつかの点のまわりでテイラー展開してみましょう．

まず，$z=0$ でテイラー展開します．

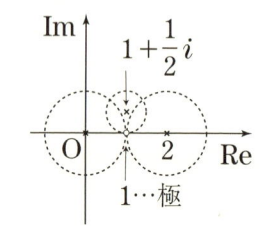

$$f^{(n)}(0) = -n! \ (n=0, 1, 2, \cdots\cdots)$$

なので，$z=0$ の周辺で

$$f(z) = -1 - z - z^2 - z^3 - \cdots\cdots$$

となります．定理 3.2 の 2) より，収束半径は 1 です．

5. 正則性と解析性

次に，$z=2$ でテイラー展開します．

$$f^{(n)}(2)=(-1)^n n! \ (n=0, \ 1, \ 2, \ \cdots\cdots)$$

なので，$z=2$ の周辺で

$$f(z)=1-(z-2)+(z-2)^2-(z-2)^3+\cdots\cdots$$

となります．定理 3.2 の 2) より，収束半径は 1 です．

最後に，$z=1+\dfrac{1}{2}i$ でテイラー展開します．

$$f^{(n)}\left(1+\dfrac{1}{2}i\right)=2^{n+1}n!i^{n-1} \ (n=0, \ 1, \ 2, \ \cdots\cdots)$$

なので，$z=1+\dfrac{1}{2}i$ の周辺で

$$f(z)=-2i+4\left(z-1-\dfrac{1}{2}i\right)+8i\left(z-1-\dfrac{1}{2}i\right)^2-\cdots\cdots$$

となります．定理 3.2 の 2) より，収束半径は $\dfrac{1}{2}$ です．

——————————————————————————

どの収束円も極 $z=1$ に触れると消滅しているのが面白いですね．極というのは，そのような場所なのです．

《極では展開できないのでしょうか？》

次で，極の扱い方と"ローラン展開"をみていきます．

$f(z) = \dfrac{1}{z-1}$ において $z=1$ は極ですが，

$$(z-1)^1 f(z) = 1 : 正則関数$$

となります．

一般には，『$f(z)$ が $z=\alpha$ で正則ではないが，

$$(z-\alpha)^n f(z)$$

が $z=\alpha$ に正則関数として拡張でき，$z=\alpha$ で0でない値をとる』とき，$z=\alpha$ は $f(z)$ の "n 次の極" といいます．このとき，$(z-\alpha)^n f(z)$ はテイラー展開できるので，

$$(z-\alpha)^n f(z) = a_{-n} + a_{-(n-1)}(z-\alpha) + \cdots\cdots$$
$$\cdots\cdots + a_{-1}(z-\alpha)^{n-1} + a_0(z-\alpha)^n$$
$$+ a_1(z-\alpha)^{n+1} + \cdots\cdots$$

$$\therefore \quad f(z) = \dfrac{a_{-n}}{(z-\alpha)^n} + \cdots\cdots + \dfrac{a_{-1}}{z-\alpha}$$
$$+ a_0 + a_1(z-\alpha) + \cdots\cdots$$

となります．このような展開を"ローラン展開"といいます．

さらに，"**真性特異点**"という特異点(極とはいわない)もあって，それは，ローラン展開の負ベキ項が無限個ある状態 $\displaystyle\sum_{n=-\infty}^{\infty} a_n(z-\alpha)^n$ になることをいいます(本書では扱いません)．

5. 正則性と解析性

特に, 『極 α でのローラン展開における $(z-\alpha)^{-1}$ の係数 a_{-1}』を "f の α での留数 (リュウスウ)" といいます.

1 次の極での留数は, 極限で簡単に求めることができます.

$$(z-\alpha)f(z) = a_{-1} + a_0(z-\alpha) + a_1(z-\alpha)^2 + \cdots\cdots$$
$$\to a_{-1} = (\text{留数}) \ (z \to \alpha)$$

です (一般論は第 8 章).

領域 D 内で, 『有限個の極以外で正則な関数』を "有理型" といいます. 有理型関数は,

『極で負ベキ項が有限のローラン展開可能, 極以外でテイラー展開可能』

です.

先ほどの $f(z) = \dfrac{1}{z-1}$ は有理型で, 極は $z=1$ (1 次) のみです. ここでの留数は

$$(z-1)f(z) = 1 \to 1 \ (z \to 1)$$

より, 1 です.

また, $\mathrm{Re}(s) > 0$ で

$$\zeta(s) = \frac{1}{s-1} + (\text{正則関数})$$

となったので, $\zeta(s)$ は $\mathrm{Re}(s)>0$ で有理型です.

$$(s-1)\zeta(s) = 1 + (s-1)\cdot(\text{正則関数}) \to 1 \quad (s \to 1)$$

より, 1次の極 $s=1$ での留数は 1 です.

一方, 『$f(\alpha)=0$ となる』とき, $z=\alpha$ は "零点" といいます. テイラー展開すると, 最初のいくつかの項は 0 になります.

$$f(z) = a_n(z-\alpha)^n + a_{n+1}(z-\alpha)^{n+1} + \cdots\cdots (a_n \neq 0)$$

のとき, $z=\alpha$ を "n 次の零点" といいます.

展開に関する用語の確認は終わりにし, 本章最後に (Ⅳ) を証明します. なかなかの難題ですが, 頑張っていきましょう.

(Ⅳ) $\mathrm{Re}(s) \geq 1$, $s \neq 1$ に対し, $\zeta(s) \neq 0$ である. また,

$$\Phi(s) - \frac{1}{s-1} \text{ は } \mathrm{Re}(s) \geq 1 \text{ に正則関数として拡張できる.}$$

第 1 章で述べたように, 無限積での対数微分可能性が鍵になります. そのためには, 無限積版の「**M- 判定法**」と「**広義一様収束からの微分可能性**」が必要になります. 次の 2 つの定理がそれを保証するものです.

1 つ目は定理 2.3 と似ています. 『「$(1+f)$ の積」は, 「f の和」が収束するなら, 収束する』というものでした.

5. 正則性と解析性

> **定理 5.3（無限積の M-判定法）**
>
> D 上の関数列 $\{f_n(z)\}$ に対し，正数列 $\{M_n\}$ で
>
> 1) すべての D 内の x と n で，$|f_n(z)| \leq M_n$
>
> 2) $\sum_{n=1}^{\infty} M_n$ は収束
>
> となるものがあれば，$\prod_{n=1}^{\infty}(1+f_n(z))$ は一様収束する．

無限積でも『D 内のすべての有界閉集合上で一様収束』するときに "**広義一様収束**" といいます．無限級数と同じく，無限積でも，広義一様収束から良い性質が導かれます．

> **定理 5.4**
>
> 領域 D で正則な関数の列 $\{f_n(x)\}$ があって，
>
> $$f(z) = \prod_{n=1}^{\infty}(1+f_n(z))$$
>
> が D で広義一様収束するなら，$f(z)$ は D で正則である．しかも，零点以外の点で
>
> $$\frac{f'(z)}{f(z)} = \sum_{n=1}^{\infty} \frac{f_n'(z)}{1+f_n(z)}$$
>
> が成り立つ．

最後の部分は，有限積の場合と同様に**対数微分**できるということです．有限の場合は

$$f(z) = (1+f_1(z))(1+f_2(z))(1+f_3(z))$$
$$\therefore \quad \log f(z) = \log(1+f_1(z)) + \log(1+f_2(z)) + \log(1+f_3(z))$$
$$\rightarrow \quad \frac{f'(z)}{f(z)} = \frac{f_1'(z)}{1+f_1(z)} + \frac{f_2'(z)}{1+f_2(z)} + \frac{f_3'(z)}{1+f_3(z)}$$

と計算します．これと同じ形の無限級数になっていることを確認してください．『形式的に両辺の対数をとり，微分した形』ということです．

≪(Ⅳ)の証明≫～～～～～～～～～～～～～～～～～～～～

　以前に確認した通り，$\mathrm{Re}(s) > 1$ において $\zeta(s)$，$\Phi(s)$ は正則です．

　また，(Ⅰ)の無限積表記

$$\zeta(s) = \prod_p \frac{1}{1-\dfrac{1}{p^s}} \quad (\mathrm{Re}(s) > 1)$$

はオイラー積というのでしたが，どの項も $\mathrm{Re}(s) > 1$ で 0 にならないので，定理2.3より，

$$\zeta(s) \neq 0 \quad (\mathrm{Re}(s) > 1)$$

です．よって，$\mathrm{Re}(s) \geq 1 \, (s \neq 1)$ に〔$\zeta(s)$ の零点〕があるならば，

5. 正則性と解析性

$$s = 1 + ai \ (a \text{ は } 0 \text{ でない実数})$$

という形になります．これが存在しないことを示したいのですが，後半部分と合わせて示していきます．

まず，オイラー積が $\mathrm{Re}(s) > 1$ で広義一様収束することを確認しておきます．

有界閉集合 D をとり，ある b により，

$$\mathrm{Re}(s) \geqq b \ (b > 0)$$

に含まれるようにしておきます．

すると，第 2 章の (I) の証明直前に行った議論から，

$$\frac{1}{1 - \dfrac{1}{p^s}} = 1 + f_p(s) \iff f_p(s) = \frac{p^s}{p^s - 1} - 1 = \frac{1}{p^s - 1}$$

$$\therefore \ |f_p(s)| \leqq \frac{1}{|p^s| - 1} < \frac{2}{|p^s|} \ \ (\because \ |p^s| = |p^{\mathrm{Re}(s)}| > p \geqq 2)$$

$$= \frac{2}{p^{\mathrm{Re}(s)}} < \frac{2}{p^b} \ (= M_n),$$

$$\sum_{n=1}^{\infty} M_n = 2\zeta(b)$$

です．よって，定理 5.3 より，オイラー積は $\mathrm{Re}(s) > 1$ で広義一様収束します．

次に，定理 5.4 を用いると，$\zeta(s)$ の零点以外では対数微分でき，第 1 章での計算は意味をなします．つまり，対数をとって両辺を s で微分すると，

$$\zeta(s) = \prod_p \frac{1}{1-\frac{1}{p^s}} \quad \therefore \quad \log \zeta(s) = -\sum_p \log\left(1-\frac{1}{p^s}\right)$$

$$\to \quad \frac{\zeta'(s)}{\zeta(s)} = -\sum_p \frac{\log p}{p^s - 1}$$

$$\left(\because \left(\log\left(1-\frac{1}{p^s}\right)\right)' = \frac{\left(1-\frac{1}{p^s}\right)'}{1-\frac{1}{p^s}} = \frac{-\frac{1}{p^s}\left(\log \frac{1}{p}\right)}{1-\frac{1}{p^s}} \right.$$

$$\left. = \frac{\log p}{p^s - 1} \right)$$

となります．

さらに，

$$\frac{1}{p^s - 1} = \frac{1}{p^s} + \frac{1}{p^s - 1} - \frac{1}{p^s} = \frac{1}{p^s} + \frac{1}{(p^s - 1)p^s}$$

より，

$$\frac{\zeta'(s)}{\zeta(s)} = -\sum_p \frac{\log p}{p^s - 1} = -\sum_p \frac{\log p}{p^s} - \sum_p \frac{\log p}{(p^s - 1)p^s}$$

$$= -\Phi(s) - \sum_p \frac{\log p}{(p^s - 1)p^s} \quad \cdots\cdots\cdots \quad (\#)$$

です．これで，$\zeta(s)$ と $\Phi(s)$ の間の関係性が見えるのでした．

(#) の級数部分 $\sum_p \dfrac{\log p}{(p^s-1)p^s}$ は，$\mathrm{Re}(s) > \dfrac{1}{2}$ において広義一様収束し，正則関数になります．簡単に確認しておきます．

定理 3.7 (M-判定法) を利用します.

$\mathrm{Re}(s) > \dfrac{1}{2}$ 内の有界閉集合 D をとり，ある $c > \dfrac{1}{2}$ により，D が $\mathrm{Re}(s) \geqq c$ に含まれるようにしておきます．

$$\left|\frac{\log p}{(p^s-1)p^s}\right| \leq \frac{\log p}{(|p^s|-1)|p^s|}$$
$$\leq \frac{2\log p}{|p^{2s}|} < \frac{2\log p}{p^{2c}} \ (= M'_n),$$
$$\sum_{n=1}^{\infty} M'_n = 2\Phi(2c)$$

となります．ここで，$\Phi(s)$ が正則な範囲は $\mathrm{Re}(s) > 1$ だったので，$c > \dfrac{1}{2}$ から $\Phi(2c)$ は収束します．

定理 3.7 より，$\mathrm{Re}(s) > \dfrac{1}{2}$ において $\sum_p \dfrac{\log p}{(p^s-1)p^s}$ は広義一様収束し，正則関数になります．

次は，(#) の左辺の $\dfrac{\zeta'(s)}{\zeta(s)}$ を考えます．

(Ⅱ) より，$\zeta(s)$ は $\mathrm{Re}(s) > 0$ で有理型 (極は $s=1$ のみ) な

ので, $\zeta'(s)$ も $\mathrm{Re}(s) > 0$ で有理型 (極は $s=1$ のみ) です. よって, (#) の左辺 $\dfrac{\zeta'(s)}{\zeta(s)}$ は有理型で, 極は $s=1$ と [$\zeta(s)$ の零点] のみ (あるとしたら $s=1+ai$) です.

$\zeta(s)$ は 1 次の極 $s=1$ での留数が 1 だと分かっているので,

$$\zeta(s) = \frac{1}{s-1} + \sum_{n=0}^{\infty} a_n (s-1)^n$$

とローラン展開できます. 項別微分すると

$$\zeta'(s) = -\frac{1}{(s-1)^2} + \sum_{n=1}^{\infty} n a_n (s-1)^{n-1}$$

です.

$$\begin{aligned}
(s-1)\frac{\zeta'(s)}{\zeta(s)} &= (s-1) \frac{-\dfrac{1}{(s-1)^2} + \sum_{n=1}^{\infty} n a_n (s-1)^{n-1}}{\dfrac{1}{s-1} + \sum_{n=0}^{\infty} a_n (s-1)^n} \\
&= \frac{-1 + \sum_{n=1}^{\infty} n a_n (s-1)^{n+1}}{1 + \sum_{n=0}^{\infty} a_n (s-1)^{n+1}} \\
&\to -1 \quad (s \to 1)
\end{aligned}$$

より, $s=1$ は $\dfrac{\zeta'(s)}{\zeta(s)}$ の 1 次の極で, 留数は -1 となっています.

よって，$\dfrac{\zeta'(s)}{\zeta(s)}+\dfrac{1}{s-1}$ は $s=1$ で正則です．

(#) を変形すると

$$\Phi(s)-\frac{1}{s-1}=-\Big(\frac{\zeta'(s)}{\zeta(s)}+\frac{1}{s-1}\Big)-\sum_{p}\frac{\log p}{(p^s-1)p^s}$$

となり，ここまでの結果から，$\Phi(s)-\dfrac{1}{s-1}$ の $\mathrm{Re}(s)>\dfrac{1}{2}$ における極は，存在するとしても〔$\zeta(s)$ の零点〕のみだと分かりました ($s=1$ は極ではありません)．

よって，〔$\zeta(s)$ の零点〕がないことを示すことができたら，$\Phi(s)-\dfrac{1}{s-1}$ は $\mathrm{Re}(s)\geqq 1$ に正則関数として拡張できることが分かります．

以下，〔$\zeta(s)$ の零点〕が存在しないことを示します．〔$\zeta(s)$ の零点〕は，存在するとしたら $\mathrm{Re}(s)=1$ 上にあるのでした．

$$s=1+ai\ (a>0)$$

が $\zeta(s)$ の u 次 ($u\geqq 0$) の零点だったとします ($a>0$ として良いことは後で分かります)．目標は $u=0$ を示すことです (本来は $u=0$ のとき，零点と呼びません)．

131

そのために,

$$\left(p^{\frac{ai}{2}} + p^{-\frac{ai}{2}}\right)^4 = p^{2ai} + 4p^{ai} + 6 + 4p^{-ai} + p^{-2ai},$$
$$p^{\frac{ai}{2}} + p^{-\frac{ai}{2}} = 2\operatorname{Re}\left(p^{\frac{ai}{2}}\right)$$

を利用します. では, いってみましょう.

$s = 1 + 2ai$ も v 次 $(v \geqq 0)$ の零点だとします (やはり, 本来は $v = 0$ のときに零点とは呼びません).

共役複素数を考えると,

$$\begin{aligned}
n^{\bar{s}} &= e^{(\log n)(\operatorname{Re}(s) - i\operatorname{Im}(s))} \\
&= e^{(\log n)\operatorname{Re}(s)}(\cos\alpha - i\sin\alpha) \ (\alpha = (\log n)\operatorname{Im}(s)) \\
&= e^{(\log n)\operatorname{Re}(s)}(\overline{\cos\alpha + i\sin\alpha}) \\
&= \overline{e^{(\log n)\operatorname{Re}(s)}(\cos\alpha + i\sin\alpha)} \\
&= \overline{e^{(\log n)(\operatorname{Re}(s) + i\operatorname{Im}(s))}} \\
&= \overline{n^s}
\end{aligned}$$

より,

$$\overline{\zeta(s)} = \zeta(\bar{s})$$

となるので,「$\zeta(s) = 0$ ならば $\zeta(\bar{s}) = 0$」です.

ゆえに,『$s = 1 - ai$ は u 次の零点, $s = 1 - 2ai$ は v 次の零点』になります (だから $a > 0$ として良いのです).

ここで,

$$\zeta(s) = \frac{1}{s-1} + a_0 + a_1(s-1) + a_2(s-1)^2 + \cdots\cdots$$

が $s=1$ でのローラン展開だったことを思い出しましょう.

$s = 1 \pm ai$ (u 次の零点) でのテイラー展開は, 対称性から,

$$\zeta(s) = b_u(s-(1 \pm ai))^u + b_{u+1}(s-(1 \pm ai))^{u+1} + b_{u+2}(s-(1 \pm ai))^{u+2} + \cdots\cdots$$

とおけます.

また, $s = 1 \pm 2ai$ でのテイラー展開も

$$\zeta(s) = c_v(s-(1 \pm 2ai))^v + c_{v+1}(s-(1 \pm 2ai))^{v+1} + c_{v+2}(s-(1 \pm 2ai))^{v+2} + \cdots\cdots$$

とおけます.

各収束円内で項別微分して,

$$\zeta'(s) = -\frac{1}{(s-1)^2} + a_1 + 2a_2(s-1) + \cdots\cdots,$$

$$\begin{aligned}\zeta'(s) &= ub_u(s-(1 \pm ai))^{u-1} \\ &+ (u+1)b_{u+1}(s-(1 \pm ai))^u \\ &+ (u+2)b_{u+2}(s-(1 \pm ai))^{u+1} \\ &+ \cdots\cdots,\end{aligned}$$

$$\zeta'(s) = vc_v(s-(1\pm 2ai))^{v-1}$$
$$+ (v+1)c_{v+1}(s-(1\pm 2ai))^v$$
$$+ (v+2)c_{v+2}(s-(1\pm 2ai))^{v+1} + \cdots\cdots$$

となります.

先ほどみたように

$$\Phi(s) = -\frac{\zeta'(s)}{\zeta(s)} - \sum_p \frac{\log p}{(p^s-1)p^s}$$

です. 両辺の $s \to 1$, $1 \pm ai$, $1 \pm 2ai$ の極限を利用して, 新たな関係式を作ります.

まず, 両辺に ε ($\varepsilon > 0$) をかけ, $s = 1+\varepsilon$ を代入して, $\varepsilon \to 0$ とします. 級数部分 $\displaystyle\sum_p \frac{\log p}{(p^s-1)p^s}$ が正則であることと, 先ほどのローラン展開から,

$$\lim_{\varepsilon \to +0} \varepsilon \Phi(1+\varepsilon)$$
$$= -\lim_{\varepsilon \to +0} \Big(\varepsilon \frac{\zeta'(1+\varepsilon)}{\zeta(1+\varepsilon)} + \varepsilon \sum_p \frac{\log p}{(p^{1+\varepsilon}-1)p^{1+\varepsilon}} \Big)$$
$$= -\lim_{\varepsilon \to +0} \varepsilon \frac{-\dfrac{1}{\varepsilon^2} + a_1 + 2a_2\varepsilon + \cdots\cdots}{\dfrac{1}{\varepsilon} + a_0 + a_1\varepsilon + a_2\varepsilon^2 + \cdots\cdots} + 0$$
$$= 1$$

です.

次に，両辺に ε $(\varepsilon > 0)$ をかけ，$s = 1 + \varepsilon \pm ai$ を代入して，$\varepsilon \to 0$ とします．先ほどのテイラー展開から，

$$\lim_{\varepsilon \to +0} \varepsilon \Phi(1 + \varepsilon \pm ai)$$
$$= -\lim_{\varepsilon \to +0} \Big(\varepsilon \frac{\zeta'(1 + \varepsilon \pm ai)}{\zeta(1 + \varepsilon \pm ai)} + \varepsilon \sum_p \frac{\log p}{(p^{1+\varepsilon \pm ai} - 1)p^{1+\varepsilon \pm ai}} \Big)$$
$$= -\lim_{\varepsilon \to +0} \varepsilon \frac{ub_u \varepsilon^{u-1} + (u+1)b_{u+1}\varepsilon^u + \cdots\cdots}{b_u \varepsilon^u + b_{u+1}\varepsilon^{u+1} + \cdots\cdots} + 0$$
$$= -u$$

です．

さらに，両辺に ε $(\varepsilon > 0)$ をかけ，$s = 1 + \varepsilon \pm 2ai$ を代入して，$\varepsilon \to 0$ とします．先ほどのテイラー展開から，

$$\lim_{\varepsilon \to +0} \varepsilon \Phi(1 + \varepsilon \pm 2ai)$$
$$= -\lim_{\varepsilon \to +0} \Big(\varepsilon \frac{\zeta'(1 + \varepsilon \pm 2ai)}{\zeta(1 + \varepsilon \pm 2ai)} + \varepsilon \sum_p \frac{\log p}{(p^{1+\varepsilon \pm 2ai} - 1)p^{1+\varepsilon \pm 2ai}} \Big)$$
$$= -\lim_{\varepsilon \to +0} \varepsilon \frac{vc_v \varepsilon^{v-1} + (v+1)c_{v+1}\varepsilon^v + \cdots\cdots}{c_v \varepsilon^v + c_{v+1}\varepsilon^{v+1} + \cdots\cdots} + 0$$
$$= -v$$

です．

ここで,

$$\left(p^{\frac{ai}{2}} + p^{-\frac{ai}{2}}\right)^4 = p^{2ai} + 4p^{ai} + 6 + 4p^{-ai} + p^{-2ai},$$
$$p^{\frac{ai}{2}} + p^{-\frac{ai}{2}} = 2\,\text{Re}\left(p^{\frac{ai}{2}}\right)$$

より,

$$\frac{\log p}{p^{1+\varepsilon}}\left(2\,\text{Re}\left(p^{\frac{ia}{2}}\right)\right)^4$$
$$= \frac{\log p}{p^{1+\varepsilon}}\left(p^{\frac{ia}{2}} + p^{-\frac{ia}{2}}\right)^4$$
$$= \frac{\log p}{p^{1+\varepsilon}}\left(p^{2ai} + 4p^{ai} + 6 + 4p^{-ai} + p^{-2ai}\right)$$
$$= \frac{\log p}{p^{1+\varepsilon-2ai}} + 4\frac{\log p}{p^{1+\varepsilon-ai}} + 6\frac{\log p}{p^{1+\varepsilon}} + 4\frac{\log p}{p^{1+\varepsilon+ai}} + \frac{\log p}{p^{1+\varepsilon+2ai}}$$

です. これをすべての素数 p について加えていくと,

$$\sum_p \frac{\log p}{p^{1+\varepsilon}}\left(2\,\text{Re}\left(p^{\frac{ia}{2}}\right)\right)^4$$
$$= \Phi(1+\varepsilon-2ai) + 4\Phi(1+\varepsilon-ai) + 6\Phi(1+\varepsilon)$$
$$\quad + 4\Phi(1+\varepsilon+ai) + \Phi(1+\varepsilon+2ai)$$

となります.

この式の左辺は正の実数になっていることに注意します.

両辺に ε ($\varepsilon > 0$) をかけ, $\varepsilon \to 0$ とすると, 右辺は

$$-v-4u+6-4u-v = 2(3-4u-v)$$

に収束します.ゆえに,左辺も収束し,極限値は0以上の実数になります.

よって,0以上の整数 u, v が

$$3-4u-v \geqq 0$$

を満たします.$u \geqq 1$ では不合理なので,$u=0$ と分かります.

以上で,『$\zeta(s)$ は $\mathrm{Re}(s) \geqq 1$, $s \neq 1$ に零点をもたないこと』および『$\Phi(s) - \dfrac{1}{s-1}$ は $\mathrm{Re}(s) \geqq 1$ に正則関数として拡張できること』が示されました.

~~~~~~~~~~~~~~~~~~~~~~~~~~~~~~

少し長くなりました.

収束するベキ級数は正則関数だと分かっているから,極限を直感通りに扱うことができました.

次章はついに複素積分を扱います.

複素解析においては,微分に関する定理を証明するのに積分を使うこともあります.実は,本章の内容の一部も,積分を用いて証明するものです.

複素解析での積分理論をみていくと,驚きの連続です.ご期待ください.

6. 複素積分とコーシーの積分公式

6．複素積分とコーシーの積分公式

　第6章では，複素積分の理論を確認します．

　複素関数で，積分

$$\int_{-1}^{1} z^2 \, dz$$

は何を意味するのでしょうか？

$$\int_{-1}^{1} z^2 \, dz = \left[\frac{1}{3}z^3\right]_{-1}^{1} = \frac{2}{3}$$

と計算しても良いのでしょうか？

　実数値関数では，実軸上だけを考えているので，$z=-1$を表す点Aと$z=1$を表す点Bを結ぶ経路は"線分AB"しかありません．しかし，複素平面では，2点A, Bを結ぶ経路はいくらでもあります．

　上での計算は，"線分ABに沿ってAからBまで線積分"というもので，

$$\int_{\overline{AB}} z^2 \, dz$$

と表記すべきものです．計算は，

$$z = x \ (-1 \leqq x \leqq 1)$$

と置換して，

$$\int_{\overline{\mathrm{AB}}} z^2 \, dz = \int_{-1}^{1} x^2 \, dx = \frac{2}{3}$$

とします．

《他の経路ではどうなるでしょうか？》

線積分では，"**曲線を実数変数で表して置換積分**" という流れによって，『**実数値関数の積分に帰着**』させます．線分は，"曲がっていない曲線" です．

置換積分するには，経路(曲線)を微分可能な式で表す必要があります．よって，以下では，曲線というときには，『**いくつかのパーツに分ければ，各パーツは微分可能な式で表せる**』もののみを考えます．このような曲線を，"**区分的に滑らか**" といいます．

では，上半円周

$$C : z = e^{i\theta} \ (0 \leqq \theta \leqq \pi)$$

に沿ってAからBまで線積分してみます．

$$dz = ie^{i\theta} d\theta$$

なので，

$$\int_C z^2 \, dz = \int_\pi^0 (e^{i\theta})^2 \, ie^{i\theta} d\theta = -i \int_0^\pi e^{3i\theta} \, d\theta$$
$$= -i \left[\frac{1}{3i} e^{3i\theta} \right]_0^\pi = -\frac{1}{3}(e^{3i\pi} - 1)$$
$$= \frac{2}{3} \quad (\because \ e^{3i\pi} = \cos 3\pi + i \sin 3\pi = -1)$$

となります．

ここで，複素指数関数 $e^{3i\theta}$ は，実数値関数 e^{3x} と同様に積分できることを利用しました．これで問題ないのですが，実部，虚部に分けた計算もやってみて，このような計算をしても良いことを確認しておきます．

$$\int_C z^2 \, dz = \int_\pi^0 (e^{i\theta})^2 \, ie^{i\theta} d\theta = -i \int_0^\pi e^{3i\theta} \, d\theta$$
$$= -i \int_0^\pi (\cos 3\theta + i \sin 3\theta) \, d\theta$$
$$= -i \left[\frac{1}{3} \sin 3\theta + \frac{i}{3} \cos 3\theta \right]_0^\pi = -i \cdot \frac{i}{3}(-1 - 1)$$
$$= \frac{2}{3}$$

となり，ちゃんと同じ結果になりました．

しかも，この値は，線分 AB に沿った線積分と同じ値になりました！

もう1つやってみましょう．

$-1-i$，$1-i$ を表す点をそれぞれ C，D とし，折れ線 ACDB を L と表し，この L に沿って線積分します．

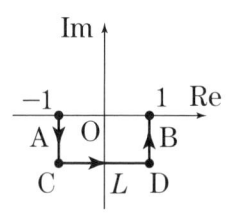

《これも同じ値になるでしょうか？》

$$\text{線分 AC}: z = -1 + yi \ (-1 \leqq y \leqq 0, \ dz = idy)$$
$$\text{線分 CD}: z = x - i \ (-1 \leqq x \leqq 1, \ dz = dx)$$
$$\text{線分 BD}: z = 1 + yi \ (-1 \leqq y \leqq 0, \ dz = idy)$$

より，

$$\begin{aligned}
&\int_L z^2 \, dz \\
&= \int_{\overline{\text{AC}}} z^2 \, dz + \int_{\overline{\text{CD}}} z^2 \, dz + \int_{\overline{\text{DB}}} z^2 \, dz \\
&= \int_0^{-1} (-1+yi)^2 \, idy + \int_{-1}^1 (x-i)^2 \, dx + \int_{-1}^0 (1+yi)^2 \, idy \\
&= \left[i \cdot \frac{1}{3i}(-1+yi)^3 \right]_0^{-1} + \left[\frac{1}{3}(x-i)^3 \right]_{-1}^1 + \left[i \cdot \frac{1}{3i}(1+yi)^3 \right]_{-1}^0 \\
&= \frac{(-1-i)^3 - (-1)}{3} + \frac{(1-i)^3 - (-1-i)^3}{3} + \frac{1 - (1-i)^3}{3} \\
&= \frac{2}{3}
\end{aligned}$$

となります．

やはり同じ値になりました！

《複素積分の値は経路によらず，線の端点によって決まるのでしょうか？》

次の例をみていきましょう．

$$\int_C \frac{1}{z} dz, \ \int_L \frac{1}{z} dz$$

C, L は先ほどの A から B までの経路です．

まず，1つ目は

$$\int_C \frac{1}{z} dz = \int_\pi^0 \frac{1}{e^{i\theta}} i e^{i\theta} d\theta = -i \int_0^\pi d\theta$$
$$= -i \bigl[\, \theta \,\bigr]_0^\pi = -\pi i$$

となります．2つ目は，

$$\int_L \frac{1}{z} dz$$
$$= \int_{\overline{AC}} \frac{1}{z} dz + \int_{\overline{CD}} \frac{1}{z} dz + \int_{\overline{DB}} \frac{1}{z} dz$$
$$= \int_0^{-1} \frac{1}{-1+yi} i \, dy + \int_{-1}^1 \frac{1}{x-i} dx + \int_{-1}^0 \frac{1}{1+yi} i \, dy$$
$$= -i \int_{-1}^0 \frac{-1-yi}{y^2+1} dy + i \int_{-1}^0 \frac{1-yi}{y^2+1} dy + \int_{-1}^1 \frac{x+i}{x^2+1} dx$$
$$= i \int_{-1}^0 \frac{2}{y^2+1} dy + i \int_{-1}^1 \frac{1}{x^2+1} dx + \int_{-1}^1 \frac{x}{x^2+1} dx$$

となります．ここで，対称性を利用します．

$\dfrac{x}{x^2+1}$, $\dfrac{1}{x^2+1}$ がそれぞれ図のようなグラフを表します．前者は原点に関して，後者は y 軸に関して対称なので，

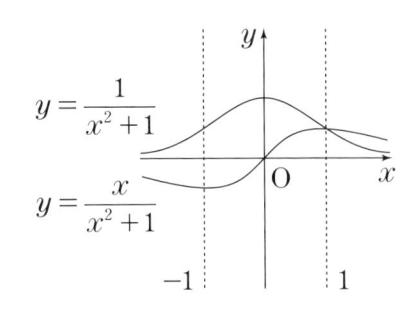

$$\int_{-1}^{1}\dfrac{x}{x^2+1}\,dx = 0,$$
$$\int_{0}^{1}\dfrac{1}{x^2+1}\,dx = \int_{-1}^{0}\dfrac{1}{x^2+1}\,dx$$

です．ゆえに，計算を続けると，

$$\begin{aligned}
&\int_L \dfrac{1}{z}\,dz \\
&= 4i\int_{-1}^{0}\dfrac{1}{x^2+1}\,dx \\
&= 4i\int_{-\frac{\pi}{4}}^{0}\dfrac{1}{\tan^2\theta+1}\cdot\dfrac{1}{\cos^2\theta}\,d\theta \quad (x=\tan\theta) \\
&= 4i\int_{-\frac{\pi}{4}}^{0}d\theta \quad \left(\because\ \tan^2\theta+1 = \dfrac{1}{\cos^2\theta}\right) \\
&= 4i\bigl[\,\theta\,\bigr]_{-\frac{\pi}{4}}^{0} \\
&= i\pi
\end{aligned}$$

となります．

これで，A から B までの経路が違うと，$\displaystyle\int_C \dfrac{1}{z}\,dz$, $\displaystyle\int_L \dfrac{1}{z}\,dz$

の計算結果が異なるということになりました．

《複素積分の値は経路によらず，線の端点によって決まるのでしょうか？》

に対するこたえは『NO !』ということです．

いよいよ複素積分の本質に迫ってきました．

《「経路によらず線積分が一定になる」と，「経路によって線積分が変化する」の違いは何でしょうか？》

このこたえを探るため，もう1つ例を挙げます．

下半円周

$$C' : z = e^{i\theta} \ (\pi \leqq \theta \leqq 2\pi)$$

に沿ってAからBまで線積分してみます．

$$dz = ie^{i\theta} d\theta$$

なので，

$$\int_{C'} \frac{1}{z} dz = \int_{\pi}^{2\pi} \frac{1}{e^{i\theta}} ie^{i\theta} d\theta = i \int_{\pi}^{2\pi} d\theta$$
$$= i [\theta]_{\pi}^{2\pi} = \pi i$$

となります．これは，L に沿った線積分と一致しています．

6. 複素積分とコーシーの積分公式

次の図を見てください (極の $z=0$ に × を付けました).

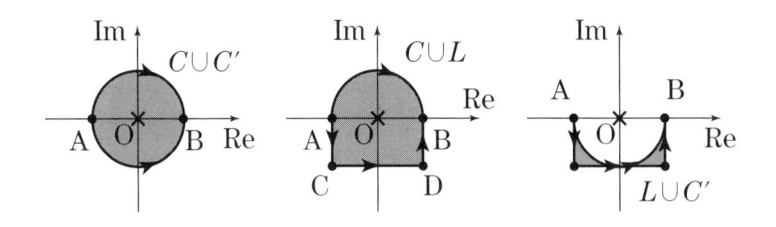

《これをみて，どう感じるでしょうか？》

実は，

『2つの経路をつないだ閉曲線で囲まれる領域に注目し，
そこで関数が正則であれば，線積分は等しくなる』

のです．

z^2 はどこでも正則なので，複素積分の値は経路によらず，線の端点によって決まるのです．それは，次のように確認できます．

C を逆向きに B から A まで動く経路を C_- と表すことにします．z^2 を，C_- と C' に沿って積分したものを加えます．つまり，$C_- \cup C'$ に沿って反時計回りに線積分するということです．

$$z=e^{i\theta},\ dz=ie^{i\theta}d\theta$$

147

と置換するので,

$$
\begin{aligned}
&\int_{C_-\cup C'} z^2\,dz \\
&= \int_{C_-} z^2\,dz + \int_{C'} z^2\,dz \\
&= \int_0^\pi (e^{i\theta})^2\, ie^{i\theta}d\theta + \int_\pi^{2\pi} (e^{i\theta})^2\, ie^{i\theta}d\theta \\
&= i\int_0^{2\pi} e^{3i\theta}\,d\theta = -i\left[\frac{1}{3i}e^{3i\theta}\right]_0^{2\pi} \\
&= -\frac{1}{3}(e^{6i\pi}-1) \\
&= 0 \quad (\because e^{6i\pi} = \cos 6\pi + i\sin 6\pi = 1)
\end{aligned}
$$

となります.

よって, C と C' に沿った線積分は,

$$\int_C z^2\,dz = \int_{C'} z^2\,dz \quad \left(\because \int_{C_-} z^2\,dz = -\int_{C'} z^2\,dz\right)$$

となり, 一致します.

同様に, $C_- \cup ($ 線分 AB$)$, $C_- \cup C'$ に沿った線積分も 0 になることが分かり, 線分 AB, C, L, C' に沿った A から B までの線積分はすべて一致します.

これをキッチリまとめると次の定理になります. 複素解析でトップクラスに重要な定理です.

定理6.1（コーシーの積分定理）

領域 D で正則な関数 $f(z)$ に対し，単純閉曲線 C の周および内部が D に含まれるとき，C に沿った線積分は

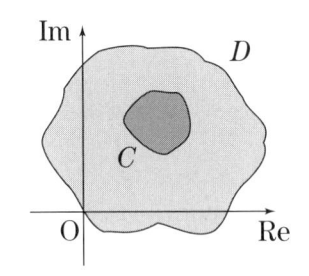

$$\int_C f(z)\,dz = 0$$

である．

$\dfrac{1}{z}$ には極 0 がありますが，$L \cup C'$ で囲まれる領域で正則なので，定理6.1より，L と C' に沿った積分は等しくなります．

しかし，$C \cup C'$ および $C \cup L$ で囲まれる領域には極 0 が入っているので，線積分は異なる値になっています．

《領域に極が入っているときの積分計算は？》

実は，そんな場合にも積分計算公式があるのです．

定理6.1と似た名前の"**コーシーの積分公式**"というもので，重要度も非常に高い公式です．素数定理の証明の鍵になるほどのものです．

定理6.2（コーシーの積分公式）

複素数平面内の閉曲線 C の周上および内部で正則な関数 $f(z)$ に対し，C で囲まれる領域内の点 α をとると

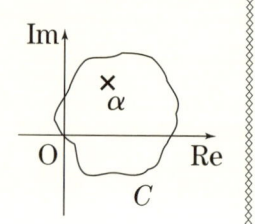

$$f(\alpha) = \frac{1}{2\pi i} \int_C \frac{f(z)}{z-\alpha} dz$$

が成り立つ．

少し難しいので，定理の意味を確認しておきましょう．

$f(z)$ は正則なので，$z=\alpha$ の周りでテイラー展開できて，

$$f(z) = a_0 + a_1(z-\alpha) + a_2(z-\alpha)^2 + \cdots\cdots$$

となります．すると，

$$\frac{f(z)}{z-\alpha} = \frac{a_0}{z-\alpha} + a_1 + a_2(z-\alpha) + \cdots\cdots$$

となります．

$a_0 = 0$ つまり $f(\alpha) = 0$ のときは，

$$\frac{f(z)}{z-\alpha} = a_1 + a_2(z-\alpha) + \cdots\cdots$$

が正則で，右辺の積分は，定理6.1から0になります．よって，

このときは $0=0$ として定理 6.2 は成り立ちます.

$a_0 \neq 0$ のときは,

$$\frac{f(z)}{z-\alpha} = \frac{a_0}{z-\alpha} + a_1 + a_2(z-\alpha) + \cdots\cdots$$

において, $z=\alpha$ が 1 次の極になります.

⇨　本当のことをいうと,「**正則関数がテイラー展開可能**」は定理 6.2 を用いて証明するものなのです. ですので, ここでの説明は"循環論法"のようになっています. しかし, 分かりやすさを重視して, 気にせずやっていきます.

これで, 単純閉曲線 C の内部に 1 次の極が 1 つだけ入っているときの線積分が計算できます.

先ほどの例に戻り, $\frac{1}{z}$ を $C_- \cup C'$ に沿って線積分してみましょう. 内部に 1 次の極 $z=0$ を含んでいます.

定理 6.2 において $f(z)=1$, $\alpha=0$ とすると,

$$\frac{1}{2\pi i} \int_{C_- \cup C'} \frac{1}{z} dz = f(0)$$

$$\therefore \quad \int_{C_-} \frac{1}{z} dz + \int_{C'} \frac{1}{z} dz = 2\pi i$$

$$\therefore \quad \int_{C'} \frac{1}{z} dz = \int_{C} \frac{1}{z} dz + 2\pi i$$

$$\left(\because \int_{C_-} \frac{1}{z} dz = -\int_{C} \frac{1}{z} dz \right)$$

となります. これは,

$$\int_C \frac{1}{z}\,dz = -i\pi, \quad \int_{C'} \frac{1}{z}\,dz = i\pi$$

という結果と一致しています.

　もう少し理論を展開しておきます.
　O を中心とする半径 1 の円を E として

$$\int_E \frac{1}{z^m}\,dz \quad (m\text{ は 2 以上の整数})$$

を計算します ($m=1$ では, 先ほどの例のように $2\pi i$ です).
　被積分関数は $z=0$ のみが極で, それ以外では正則です.
　極の次数が高いため, 定理 6.2 を使えないので, 手計算でやってみましょう.

$$z = e^{i\theta}\ (0 \leqq \theta \leqq 2\pi),\ dz = ie^{i\theta}d\theta$$

と置換して,

$$\begin{aligned}
\int_E \frac{1}{z^m}\,dz &= \int_0^{2\pi} \frac{1}{e^{mi\theta}}\,ie^{i\theta}d\theta \\
&= \int_0^{2\pi} ie^{-(m-1)i\theta}\,d\theta = \left[-\frac{1}{m-1}e^{-(m-1)i\theta}\right]_0^{2\pi} \\
&= \frac{-e^{-2(m-1)\pi i} + e^0}{m-1} = \frac{-1+1}{m-1} \\
&= 0
\end{aligned}$$

152

となります．

この結果は，『定理 6.1：正則なら閉曲線での線積分が 0』に反するものではありません．『正則でなくても線積分が 0 になることはある』のです．

一般論に戻ります．

正則関数 $f(z)$ は $z = \alpha$ の周りで

$$f(z) = a_0 + a_1(z-\alpha) + a_2(z-\alpha)^2 + \cdots\cdots$$

とテイラー展開できるから，

$$\frac{f(z)}{z-\alpha} = \frac{a_0}{z-\alpha} + a_1 + a_2(z-\alpha) + \cdots\cdots$$

となるのでした．これを応用します．

正則関数の導関数も正則で，項別微分可能ですから，

$$f'(z) = a_1 + 2a_2(z-\alpha) + 3a_3(z-\alpha)^2 + \cdots\cdots$$

となります．よって，

$$\frac{f'(z)}{z-\alpha} = \frac{a_1}{z-\alpha} + 2a_2 + 3a_3(z-\alpha) + \cdots\cdots$$

ですから，定理 6.1，6.2 より，

$$f'(\alpha) = \frac{1}{2\pi i}\int_C \frac{f'(z)}{z-\alpha}\,dz = \frac{1}{2\pi i}\int_C \frac{a_1}{z-\alpha}\,dz$$

です.さらに,

$$\frac{f(z)}{(z-\alpha)^2} = \frac{a_0}{(z-\alpha)^2} + \frac{a_1}{z-\alpha} + a_2 + \cdots\cdots$$

なので,

$$\frac{1}{2\pi i}\int_C \frac{f(z)}{(z-\alpha)^2}\,dz = \frac{1}{2\pi i}\int_C \left(\frac{a_0}{(z-\alpha)^2} + \frac{a_1}{z-\alpha}\right)dz$$
$$= \frac{1}{2\pi i}\int_C \frac{a_0}{(z-\alpha)^2}\,dz + f'(\alpha)$$

が成り立ちます.ここで,先ほどの計算結果

$$\int_E \frac{1}{z^m}\,dz = 0$$

で $m=2$ として,z を $z-\alpha$ に置換することで,

$$\frac{1}{2\pi i}\int_C \frac{a_0}{(z-\alpha)^2}\,dz = 0$$

となることが導かれます.

よって,

$$f'(\alpha) = \frac{1}{2\pi i}\int_C \frac{f(z)}{(z-\alpha)^2}\,dz$$

が成り立ちます.

このように，定理6.2で被積分関数の分母の次数を増やすと，左辺が微分されます．テイラー展開の項別微分を利用して，さらに一般化することができて，次の公式となります．

定理6.3（コーシーの積分公式の一般化）

複素数平面内の閉曲線 C の周上および内部で正則な関数 $f(z)$ に対し，C で囲まれる領域内の点 α をとると

$$f^{(m)}(\alpha) = \frac{m!}{2\pi i} \int_C \frac{f(z)}{(z-\alpha)^{m+1}} dz \quad (m \text{ は自然数})$$

が成り立つ．

これを使ってみましょう．

例えば，O を中心とする半径1の円を E として，

$$\int_E \frac{\cos z}{z^{123}} dz$$

はどんな値でしょうか？

$f(z) = \cos z$ は正則で，

$$(\cos z)^{(1)} = -\sin z, \ (\cos z)^{(2)} = -\cos z,$$
$$(\cos z)^{(3)} = \sin z, \ (\cos z)^{(4)} = \cos z$$

より，4回周期で変化するので，$m = 122$ において，

$$(\cos z)^{(122)} = (\cos z)^{(2)} = -\cos z$$

です．定理 6.3 で $\alpha = 0$ として，

$$-\cos 0 = \frac{122!}{2\pi i} \int_E \frac{\cos z}{z^{123}} dz$$
$$\therefore \quad \int_E \frac{\cos z}{z^{123}} dz = -\frac{2\pi i}{122!}$$

です．

実感はわきにくいかも知れませんが，線積分はこのように計算するのです．閉曲線の周および内部で，

1) 正則なら積分は 0
2) $(m+1)$ 次の極が 1 個なら積分は定理 6.3 で計算
3) 極が複数個あるときは，各極の周りでの積分を 2) で計算したものの総和

です．ここで，3) については，例えば，

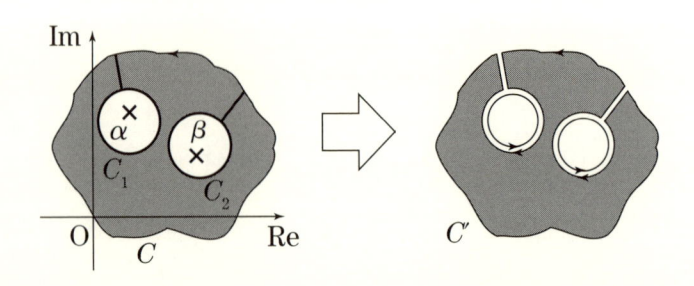

のように，閉曲線を分割して考えれば簡単に分かります．

丁寧に計算すると，C' の周および内部で正則なので，

$$\int_C f(z)\,dz$$
$$= \int_{C'} f(z)\,dz + \int_{C_1} f(z)\,dz + \int_{C_2} f(z)\,dz$$
$$= \int_{C_1} f(z)\,dz + \int_{C_2} f(z)\,dz$$

となります．

これについては，第8章で，留数を用いた計算法も紹介します．

最後にもう1つ，複素積分の重要公式を挙げておきます．その公式とは，『定理 6.1：正則なら閉曲線での線積分が 0』の逆『閉曲線での線積分が常に 0 なら正則』のようなものです．

定理 6.4（モレラの定理）

領域 D における連続関数 $f(z)$ が，D 内の任意の閉曲線 C に対し

$$\int_C f(z)\,dz = 0$$

を満たすとき，$f(z)$ は D において正則である．

先ほどの

$$\int_E \frac{1}{z^m}\,dz = 0$$

からは，被積分関数の正則性は導かれません．なぜなら，極 0 が E 内に入っており，$z=0$ で連続性が定義されていないからです．正則でなくても積分が 0 になることはあるのでした．

本章最後に，$|z|$ について考えてみます．

第 4 章では，$|z|$ が『すべての z において正則でないこと』を，コーシー・リーマンの微分方程式を用いて示しました．

コーシーの積分定理を使うと，『正則でない点が存在すること』だけが分かります．

図のような上半円周と線分を合わせた閉曲線を C とすると，

$z = e^{i\theta}\ (0 \leqq \theta \leqq \pi)$,
$z = x\ (-1 \leqq x \leqq 1)$

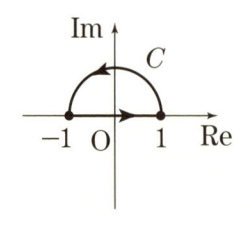

より，それぞれ

$$dz = ie^{i\theta}d\theta, \quad dz = dx$$

となり，置換すると

6．複素積分とコーシーの積分公式

$$\begin{aligned}\int_C |z|\,dz &= \int_0^\pi |e^{i\theta}|\cdot ie^{i\theta}d\theta + \int_{-1}^1 |x|\,a \\ &= \int_0^\pi ie^{i\theta}d\theta + \int_0^1 2x\,dx \\ &= \left[e^{i\theta}\right]_0^\pi + \left[x^2\right]_0^1 \\ &= -1 \quad (\because\ e^{i\pi}=-1)\end{aligned}$$

となります．

　正則なら定理6.1より，積分は0になります．よって，$|z|$が正則でないことが分かります(正則でない点が存在する，ということです)．

　この論法やモレラの定理のように，積分の情報から，『微分可能かどうか』が分かるというのは，複素解析ならではです(第7章ではモレラの定理も利用します)．

　「まず微分があって，その逆演算が積分」というイメージの実数値関数しか知らなかった人にとっては，かなり衝撃的でしょう．これが複素解析の世界なのです！

7. 素数定理の証明の完結

7．素数定理の証明の完結

本章では，素数定理の証明で残された

（Ⅴ）　広義積分 $\int_1^\infty \dfrac{\theta(x)-x}{x^2}\,dx$ は収束する．

を証明します．そのためには，

定理

$t \geqq 0$ で定義された関数 $f(t)$ は有界かつ局所可積分 (有限な幅なら積分可能) であるとし，$\mathrm{Re}(z) > 0$ 上の関数

$$g(z) = \int_0^\infty f(t)e^{-zt}\,dt$$

が，$\mathrm{Re}(z) \geqq 0$ に正則関数として拡張できるとする．

このとき，広義積分 $\int_0^\infty f(t)\,dt$ は収束し，しかも極限値は $g(0)$ に等しい．

を示す必要があるのでした．確認していきましょう．

まず，正の数 T に対し，定積分で表された関数

7．素数定理の証明の完結

$$g_T(z) = \int_0^T f(t) e^{-zt} \, dt$$

について考えましょう．

$$g(z) = \lim_{T \to \infty} g_T(z) \quad (\mathrm{Re}(z) > 0)$$

を利用するためです．

$f(t)$ は局所可積分なので，$f(t)e^{-zt}$ も積分できます．このとき，積分計算の順序交換を認めると，任意の閉曲線 C に対し，

$$\int_C g_T(z) \, dz = \int_C \left(\int_0^T f(t) e^{-zt} \, dt \right) dz$$
$$= \int_0^T f(t) \left(\int_C e^{-zt} \, dz \right) dt$$

となります．e^{-zt} は複素平面全体で正則なので，定理 6.1 から

$$\int_C e^{-zt} \, dz = 0$$

となり，ゆえに，

$$\int_C g_T(z) \, dz = \int_0^T f(t) \cdot 0 \, dt = 0$$

です．C は任意なので，定理 6.4 から，$g_T(z)$ は複素平面全体で正則になることが分かります．

イメージがつかみ難いかも知れませんので，$g(z)$, $g_T(z)$ を具体例でみていきましょう．

有界ではないですが，局所可積分な関数として，

$$f(x)=[x]$$

を考えます(定理の仮定を満たしてはいません)．ここで，[ ]はガウス記号で，

$$[x]=(x 以下の最大の整数)$$

です．例えば

$$[12.34]=12, \ [-1.2]=-2, \ [3]=3$$

となります．

$$g(z)=\int_0^\infty f(t)e^{-zt}\,dt$$

$$g_T(z)=\int_0^T f(t)e^{-zt}\,dt \quad (T>0)$$

について考えましょう．

$$[T]\leq T<[T]+1$$

より，

$$g_T(z) = \int_0^1 0 \cdot e^{-zt}\,dt + \int_1^2 1 \cdot e^{-zt}\,dt + \int_2^3 2 \cdot e^{-zt}\,dt$$
$$+ \cdots\cdots + \int_{[T]}^T [T] \cdot e^{-zt}\,dt$$
$$= \left[\frac{1}{-z}e^{-zt}\right]_1^2 + \left[\frac{2}{-z}e^{-zt}\right]_2^3 + \cdots\cdots + \left[\frac{[T]}{-z}e^{-zt}\right]_{[T]}^T$$
$$= \frac{1}{z} \cdot e^{-z} + \frac{1}{z} \cdot e^{-2z} + \frac{1}{z} \cdot e^{-3z} + \cdots\cdots$$
$$+ \frac{1}{z} \cdot e^{-[T]z} - \frac{[T]}{z} e^{-zT}$$
$$= \frac{1}{z} \cdot \frac{e^{-z}(1 - e^{-[T]z})}{1 - e^{-z}} - \frac{[T]}{z} e^{-zT}$$

です (等比数列の和の公式を用いました).

極限をとると,

$$g(z) = \int_0^\infty f(t) e^{-zt}\,dt = \lim_{T\to\infty} g_T(z)$$
$$= \frac{1}{z} \cdot \frac{e^{-z}}{1 - e^{-z}} = \frac{1}{z} \cdot \frac{1}{e^z - 1}$$

です. $g(z)$ の極は

$$z = 0,\ \pm 2\pi i,\ \pm 4\pi i,\ \cdots\cdots$$

なので, $\mathrm{Re}(z) > 0$ では正則ですが, $\mathrm{Re}(z) \geqq 0$ に正則関数として拡張することは, 残念ながらできません.

また, 広義積分 $\int_0^\infty f(t)\,dt$ は発散します. なぜなら,

図のような長方形の面積を無限に加えることになり，

$$\int_0^\infty f(t)\,dt$$
$$= 1+2+3+\cdots\cdots$$
$$= \infty$$

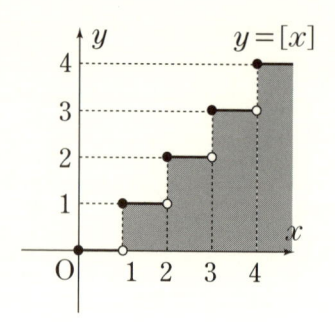

となるからです．

　$f(t)$ が有界でないし，$g(z)$ が $\mathrm{Re}(z) \geqq 0$ に拡張できないので，定理で考える状況ではありません．ですから，広義積分が発散しても仕方ないことです．定理の仮定は強いようですね．

　では，定理の証明に移ります．正則関数 $g_T(z)$ を用いて証明していきましょう．

≪定理の証明≫～～～～～～～～～～～～～～～～～～～

$$\lim_{T\to\infty} g_T(0) = g(0)$$

を示せば十分です．

　ここで注意ですが，

$$g(z) = \int_0^\infty f(t) e^{-zt}\,dt$$

の形は $\mathrm{Re}(z) > 0$ で定義されているだけで，$\mathrm{Re}(z) \geqq 0$ に正則

関数として拡張されたときに，$g(z)$ が積分形で表せるかどうかは，不明です (それを示したいのです！).

もう 1 点注意しておきます (下図参照).

$g(z)$ は $\mathrm{Re}(z) \geqq 0$ で正則です．正則関数は各点でテイラー展開可能ですから，テイラー級数の収束円内でも正則です．ゆえに，境界 $\mathrm{Re}(z) = 0$ 上の点でのテイラー展開を考えて，$\mathrm{Re}(z) \geqq 0$ を含む開領域で正則です．さらに，その開領域に

$$|z| \leqq R \quad \text{かつ} \quad \mathrm{Re}(z) \geqq -\delta$$

が含まれるように，十分大きい正数 R と十分小さい正数 δ をとれます．

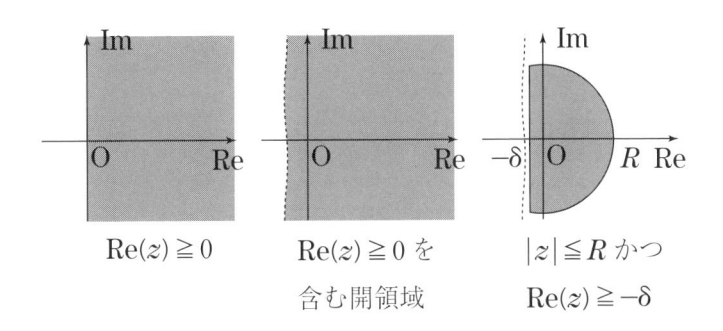

| $\mathrm{Re}(z) \geqq 0$ | $\mathrm{Re}(z) \geqq 0$ を含む開領域 | $\|z\| \leqq R$ かつ $\mathrm{Re}(z) \geqq -\delta$ |

この最後の領域の境界線を C とおきます．

すると，$g(z)$ は C の周および内部で正則です．もちろん，$g_T(z)$ も正則なので，

$$(g(z)-g_T(z))e^{zT}\Bigl(1+\frac{z^2}{R^2}\Bigr)$$

は正則です．よって，定理 6.2 で $\alpha=0$ として，

$$g(0)-g_T(0)=\frac{1}{2\pi i}\int_C (g(z)-g_T(z))e^{zT}\Bigl(1+\frac{z^2}{R^2}\Bigr)\frac{dz}{z}$$
$$\Bigl(\because\ e^{0T}\Bigl(1+\frac{0^2}{R^2}\Bigr)=1\Bigr)$$

です．

$T\to\infty$ のとき右辺の極限が 0 になることを示したいので，積分を評価します．そのため，2 つに分割します．

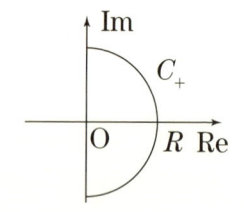

$$C_+ = C\cap\{\mathrm{Re}(z)>0\},$$
$$C_- = C\cap\{\mathrm{Re}(z)<0\}$$

とおきます．$f(t)$ が $t\geqq 0$ で有界なので，

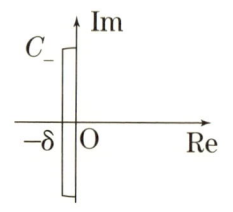

$$B=(t\geqq 0\ \text{での}\ |f(t)|\ \text{の最大値})$$

とおくことができます．

C_+ に沿っての線積分

$$\frac{1}{2\pi i}\int_{C_+} (g(z)-g_T(z))e^{zT}\Bigl(1+\frac{z^2}{R^2}\Bigr)\frac{dz}{z}$$

を考えます．

被積分関数の絶対値を評価していくと，前半は

$$|g(z)-g_T(z)| = \left|\int_T^\infty f(t)e^{-zt}\,dt\right|$$

$$\leqq B\left|\int_T^\infty e^{-zt}\,dt\right| \leqq B\int_T^\infty e^{-\mathrm{Re}(z)t}\,dt$$

$$= B\left[\frac{-1}{\mathrm{Re}(z)}e^{-\mathrm{Re}(z)t}\right]_T^\infty = \frac{B}{\mathrm{Re}(z)}e^{-\mathrm{Re}(z)T}$$

$$\left(\because\ \lim_{t\to\infty}\frac{-1}{\mathrm{Re}(z)}e^{-\mathrm{Re}(z)t}=0\right)$$

となり，後半は $z=Re^{i\theta}$ とおいて

$$\left|e^{zT}\left(1+\frac{z^2}{R^2}\right)\cdot\frac{1}{z}\right| = e^{\mathrm{Re}(z)T}\left|\frac{1+e^{2i\theta}}{Re^{i\theta}}\right|$$

$$= e^{\mathrm{Re}(z)T}\frac{|e^{i\theta}+e^{-i\theta}|}{R} = e^{\mathrm{Re}(z)T}\frac{2|\mathrm{Re}(z)|}{R^2}$$

$$\left(\because\ e^{i\theta}=\frac{z}{R},\ e^{-i\theta}=\overline{e^{i\theta}}=\frac{\bar{z}}{R},\ z+\bar{z}=2\mathrm{Re}(z)\right)$$

となります．

⇨ ここで $|dz|$ というものを使いたいので，いまの状況下で説明しておきます．

$z=Re^{i\theta}$ において，θ が $\Delta\theta$ だけ変化すると，z の移動距離は $R\Delta\theta$ なので，極限をとったものを

$$\frac{|dz|}{d\theta}=R\quad\therefore\quad |dz|=Rd\theta$$

と表します．z の移動距離を微分したことになるので，

$$\int_{C_+} |dz| = (C_+ \text{の長さ}) = \pi R$$

となります. そして, 一般に複素積分では

$$\left| \int_C f(z)\, dz \right| \leq \int_C |f(z)| |dz|$$
$$\leq (|f(z)|\text{の最大値}) \times (C\text{の長さ})$$

が成り立ちます. ちなみに, 実数での積分では

$$\left| \int_a^b f(x)\, dx \right| \leq \int_a^b |f(z)|\, dx$$

です.

上記の不等式をもう少しキッチリ説明しておきます.

$$C : z = \varphi(t) = \alpha(t) + i\beta(t) \ (a \leq t \leq b)$$

と積分経路がパラメータ表示されたとします.

すると, 置換により,

$$dz = (\alpha'(t) + i\beta'(t))dt$$
$$\therefore \ \left| \int_C f(z)\, dz \right| = \left| \int_a^b f(\varphi(t))\, (\alpha'(t) + i\beta'(t))dt \right|$$
$$\leq \int_a^b |f(\varphi(t))| \sqrt{(\alpha'(t))^2 + (\beta'(t))^2}\, dt$$

となります. つまり,

$$\int_a^b |f(\varphi(t))|\sqrt{(\alpha'(t))^2+(\beta'(t))^2}\,dt = \int_C |f(z)|\,|dz|$$

ということです．さらに，

$$\int_a^b |f(\varphi(t))|\sqrt{(\alpha'(t))^2+(\beta'(t))^2}\,dt$$

$$\leqq (|f(z)|\text{ の最大値})\times \int_a^b \sqrt{(\alpha'(t))^2+(\beta'(t))^2}\,dt$$

$$\leqq (|f(z)|\text{ の最大値})\times (C\text{ の長さ})$$

となるのです．

では，$g(0)-g_T(0)$ を表す積分の C_+ 部分の評価に話を戻しましょう．$|dz|$ を用いて，前半，後半の評価を合体します．

$$\left|\frac{1}{2\pi i}\int_{C_+}(g(z)-g_T(z))e^{zT}\Big(1+\frac{z^2}{R^2}\Big)\frac{dz}{z}\right|$$

$$\leqq \frac{1}{2\pi}\int_{C_+}\left|(g(z)-g_T(z))e^{zT}\Big(1+\frac{z^2}{R^2}\Big)\frac{1}{z}\right||dz|$$

$$\leqq \frac{1}{2\pi}\int_{C_+}\frac{B}{\mathrm{Re}(z)}e^{-\mathrm{Re}(z)T}\cdot e^{\mathrm{Re}(z)T}\frac{2|\mathrm{Re}(z)|}{R^2}|dz|$$

$$= \frac{B}{\pi R^2}\int_{C_+}|dz|\quad(\because\ |\mathrm{Re}(z)|=\mathrm{Re}(z))$$

$$= \frac{B}{\pi R^2}\cdot \pi R = \frac{B}{R}$$

と評価できます．

これで C_+ に沿った積分の評価は終わりです．

次は，C_- に沿っての線積分

$$\frac{1}{2\pi i}\int_{C_-}(g(z)-g_T(z))e^{zT}\Bigl(1+\frac{z^2}{R^2}\Bigr)\frac{dz}{z}$$

を考えます．2つに分けて，

$$\frac{1}{2\pi i}\int_{C_-}g(z)e^{zT}\Bigl(1+\frac{z^2}{R^2}\Bigr)\frac{dz}{z},$$
$$\frac{1}{2\pi i}\int_{C_-}g_T(z)e^{zT}\Bigl(1+\frac{z^2}{R^2}\Bigr)\frac{dz}{z}$$

をそれぞれ考えます．

後者において，$g_T(z)$ が複素平面全体で正則なので，被積分関数は正則です．よって，積分経路を

$$C_-' : |z|=R \quad \text{かつ} \quad \mathrm{Re}(z)<0$$

に変えても積分の値は同じです（C_- と C_-' で囲まれる領域で正則なので，定理 6.1 から導かれます）．

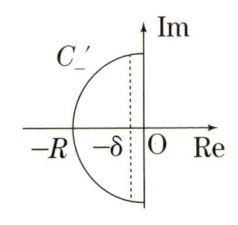

$$\frac{1}{2\pi i}\int_{C_-'}g_T(z)e^{zT}\Bigl(1+\frac{z^2}{R^2}\Bigr)\frac{dz}{z}$$

を評価します．

$\mathrm{Re}(z)<0$ に注意すると，

$$|g_T(z)| = \left|\int_0^T f(t)e^{-zt}\,dt\right| \leq \int_0^T \left|f(t)e^{-zt}\right|dt$$
$$\leq B\int_0^T e^{-\mathrm{Re}(z)t}\,dt = B\left[\frac{-1}{\mathrm{Re}(z)}e^{-\mathrm{Re}(z)t}\right]_0^T$$
$$= \frac{-B}{\mathrm{Re}(z)}e^{-\mathrm{Re}(z)T} + \frac{B}{\mathrm{Re}(z)}$$
$$< \frac{-B}{\mathrm{Re}(z)}e^{-\mathrm{Re}(z)T} \quad \left(\because\ \frac{B}{\mathrm{Re}(z)} < 0\right)$$

です．ゆえに，先ほどと同様にして，

$$\left|\frac{1}{2\pi i}\int_{C_-'} g_T(z)e^{zT}\left(1+\frac{z^2}{R^2}\right)\frac{dz}{z}\right|$$
$$\leq \frac{1}{2\pi}\int_{C_-'} \left|g_T(z)e^{zT}\left(1+\frac{z^2}{R^2}\right)\frac{1}{z}\right||dz|$$
$$\leq \frac{1}{2\pi}\int_{C_-'} \frac{-B}{\mathrm{Re}(z)}e^{-\mathrm{Re}(z)T}\cdot e^{\mathrm{Re}(z)T}\frac{2|\mathrm{Re}(z)|}{R^2}|dz|$$
$$= \frac{B}{\pi R^2}\int_{C_-'} |dz| \quad (\because\ |\mathrm{Re}(z)| = -\mathrm{Re}(z))$$
$$= \frac{B}{\pi R^2}\cdot \pi R = \frac{B}{R}$$

と評価できます．

最後に残った積分

$$\frac{1}{2\pi i}\int_{C_-} g(z)e^{zT}\left(1+\frac{z^2}{R^2}\right)\frac{dz}{z}$$

を考えます．評価ではなく，$T\to\infty$ のとき 0 に収束することを示します．

被積分関数のうち $g(z)\left(1+\dfrac{z^2}{R^2}\right)\cdot\dfrac{1}{z}$ は T によりません．有界閉集合 C_- 上で，$g(z)\left(1+\dfrac{z^2}{R^2}\right)\cdot\dfrac{1}{z}$ の絶対値には最大値があるので，それを M とおきます．すると，

$$\left|\frac{1}{2\pi i}\int_{C_-}g(z)e^{zT}\left(1+\frac{z^2}{R^2}\right)\frac{dz}{z}\right|$$
$$\leqq \frac{M}{2\pi}\int_{C_-}\left|e^{zT}\right||dz|$$
$$=\frac{M}{2\pi}\int_{C_-}e^{\mathrm{Re}(z)T}|dz|$$

となります．

C_- は実軸対称で，被積分関数も

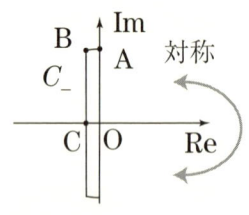

$$e^{\mathrm{Re}(z)T}=e^{\mathrm{Re}(\bar{z})T}$$

より，実軸に関する対称性があるので，"上半分の積分の2倍"として計算できます．

図のように点 A, B, C をとり，B を表す複素数の偏角を λ とおくと，

$$\text{弧 AB}: z=Re^{i\theta}\ \left(\frac{\pi}{2}\leqq\theta\leqq\lambda\right)\quad\cdots\quad \cos\lambda=-\frac{\delta}{R}$$
$$\text{線分 BC}: z=-\delta+it\ \left(0\leqq t\leqq\sqrt{R^2-\delta^2}\right)$$

なので，それぞれ，

7．素数定理の証明の完結

$$|dz| = R d\theta, \ |dz| = dt$$

です．

ゆえに，評価を続けると，

$$\frac{M}{2\pi}\int_{C_-} e^{\mathrm{Re}(z)T}|dz|$$
$$= 2\cdot\frac{M}{2\pi}\Big(\int_{\frac{\pi}{2}}^{\lambda} e^{(R\cos\theta)T}\ R d\theta + \int_{\sqrt{R^2-\delta^2}}^{0} e^{-\delta T}\ dt\Big)$$
$$= \frac{M}{\pi}\Big(\int_{0}^{-\frac{\delta}{R}} e^{RTt}\ R\frac{-1}{\sqrt{1-t^2}}dt - \sqrt{R^2-\delta^2}e^{-\delta T}\Big)$$
$$\quad (t = \cos\theta,\ dt = -\sin\theta d\theta = -\sqrt{1-t^2}d\theta)$$
$$\leqq \frac{M}{\pi}\Big(\int_{-\frac{\delta}{R}}^{0} e^{RTt}\ R\frac{1}{\sqrt{1-\dfrac{\delta^2}{R^2}}}dt - \sqrt{R^2-\delta^2}e^{-\delta T}\Big)$$
$$= \frac{M}{\pi}\Big(\frac{R^2}{\sqrt{R^2-\delta^2}}\Big[\frac{e^{RTt}}{RT}\Big]_{-\frac{\delta}{R}}^{0} - \sqrt{R^2-\delta^2}e^{-\delta T}\Big)$$
$$= \frac{M}{\pi}\Big(\frac{R}{T}\cdot\frac{1-e^{-\delta T}}{\sqrt{R^2-\delta^2}} - \sqrt{R^2-\delta^2}e^{-\delta T}\Big)$$
$$\to 0 \quad (T\to\infty)$$

となります．これで，

$$\lim_{T\to\infty}\frac{1}{2\pi i}\int_{C_-} g(z)e^{zT}\Big(1+\frac{z^2}{R^2}\Big)\frac{dz}{z} = 0$$

が導かれました．

以上から，

$$\lim_{T \to \infty} |g(0) - g_T(0)|$$
$$= \lim_{T \to \infty} \left| \frac{1}{2\pi i} \int_C (g(z) - g_T(z)) e^{zT} \left(1 + \frac{z^2}{R^2}\right) \frac{dz}{z} \right|$$
$$\leqq \frac{B}{R} + \frac{B}{R} + 0 = \frac{2B}{R}$$

が任意の R で成り立ちます (より正確には上極限です).

R が任意なので，

$$\lim_{T \to \infty} |g(0) - g_T(0)| = 0 \quad \therefore \quad \lim_{T \to \infty} g_T(0) = g(0)$$
$$\therefore \quad \int_0^\infty f(t)\, dt = g(0)$$

が成り立ちます．これで示せました．

~~~~~~~~~~~~~~~~~~~~~~~~~~~~~~~

証明中に説明を入れたので長くなってしまいました．複素解析独特の特殊な論法でした．

では，最後の命題へ．

> (V) 広義積分 $\displaystyle \int_1^\infty \frac{\theta(x) - x}{x^2}\, dx$ は収束する．

先ほどの定理に加え，(III) と (IV) も利用します．

7．素数定理の証明の完結

$$\Phi(s) = \sum_p \frac{\log p}{p^s},\ \theta(x) = \sum_{p \leq x} \log p$$

に関する命題でした．

(Ⅲ) $\theta(x) = O(x)$ である．

(Ⅳ) $\mathrm{Re}(s) \geq 1$, $s \neq 1$ に対し，$\zeta(s) \neq 0$ である．また，

$\Phi(s) - \dfrac{1}{s-1}$ は $\mathrm{Re}(s) \geq 1$ に正則関数として拡張できる．

定理

$t \geq 0$ で定義された関数 $f(t)$ は有界かつ局所可積分 (有限な幅なら積分可能) であるとし，$\mathrm{Re}(z) > 0$ 上の関数

$$g(z) = \int_0^\infty f(t) e^{-zt}\, dt$$

が，$\mathrm{Re}(z) \geq 0$ に正則関数として拡張できるとする．

このとき，広義積分 $\int_0^\infty f(t)\, dt$ は収束し，しかも極限値は $g(0)$ に等しい．

において $f(t)$ を何にするかが重要です．

≪ (V) の証明≫~~~~~~~~~~~~~~~~~~~~~~~~

$$\theta(x) = 0 \ (1 \leq x < 2),$$
$$\theta(x) = \log 2 \ (2 \leq x < 3),$$
$$\theta(x) = \log 2 + \log 3 \ (3 \leq x < 5),$$
………

なので，$\mathrm{Re}(s) > 1$ に対し，

$$s \int_1^\infty \frac{\theta(x)}{x^{s+1}} dx$$
$$= \int_1^2 0 \, dx + \int_2^3 \frac{s \log 2}{x^{s+1}} dx + \int_3^5 \frac{s(\log 2 + \log 3)}{x^{s+1}} dx$$
$$\quad + \int_5^7 \frac{s(\log 2 + \log 3 + \log 5)}{x^{s+1}} dx + \cdots\cdots$$
$$= 0 + \left[-\frac{\log 2}{x^s} \right]_2^3 + \left[-\frac{\log 2 + \log 3}{x^s} \right]_3^5$$
$$\quad + \left[-\frac{\log 2 + \log 3 + \log 5}{x^s} \right]_5^7 + \cdots\cdots$$
$$= \left(-\frac{\log 2}{3^s} + \frac{\log 2}{2^s} \right) + \left(-\frac{\log 2 + \log 3}{5^s} + \frac{\log 2 + \log 3}{3^s} \right)$$
$$\quad + \left(-\frac{\log 2 + \log 3 + \log 5}{7^s} + \frac{\log 2 + \log 3 + \log 5}{5^s} \right)$$
$$\quad + \cdots\cdots$$
$$= \frac{\log 2}{2^s} + \frac{\log 3}{3^s} + \frac{\log 5}{5^s} + \cdots\cdots$$
$$= \Phi(s)$$
$$\therefore \quad \int_1^\infty \frac{\theta(x)}{x^{s+1}} dx = \frac{\Phi(s)}{s}$$

7．素数定理の証明の完結

です．ここで，定理を用いるために，

$$f(t) = \theta(e^t)e^{-t} - 1$$

とおきます．すると，

$$\begin{aligned}
g(z) &= \int_0^\infty f(t)e^{-zt}\,dt \\
&= \int_0^\infty \theta(e^t)e^{-(z+1)t}\,dt - \int_0^\infty e^{-zt}\,dt \\
&= \int_1^\infty \frac{\theta(x)}{x^{z+2}}\,dx - \left[-\frac{1}{z}e^{-zt}\right]_0^\infty \\
&\quad (x = e^t,\ dx = e^t dt) \\
&= \frac{\Phi(z+1)}{z+1} - \frac{1}{z} \\
&\quad \left(\because\ \int_1^\infty \frac{\theta(x)}{x^{s+1}}\,dx = \frac{\Phi(s)}{s},\ \lim_{t\to\infty}\frac{1}{z}e^{-zt} = 0\right)
\end{aligned}$$

となります．

（Ⅳ）より，$g(z)$ は $\mathrm{Re}(z+1) \geqq 1$ つまり $\mathrm{Re}(z) \geqq 0$ に正則関数として拡張できます．

また，$f(t)$ は局所可積分です．

さらに，（Ⅲ）より，$\theta(e^t) = O(e^t)$ なので，

$$\begin{aligned}
&|\theta(e^t)| \leqq k e^t \\
\therefore\ &|f(t)| = |\theta(e^t)e^{-t} - 1| \leqq |\theta(e^t)e^{-t}| + 1 \leqq k + 1
\end{aligned}$$

となる定数 k が存在します（よって，有界です）．

これで, $f(t)$, $g(z)$ は定理の仮定を満たすので,

$$\int_0^\infty f(t)\,dt = \int_0^\infty (\theta(e^t)e^{-t} - 1)\,dt$$
$$= \int_1^\infty \frac{\theta(x) - x}{x^2}\,dx$$
$$(x = e^t,\ dx = e^t dt)$$

が収束することが導かれます.

以上で (Ⅳ) が示せました.

~~~~~~~~~~~~~~~~~~~~~~~~~~~~~

これで, 素数定理

$$\lim_{x \to \infty} \frac{\pi(x) \log x}{x} = 1$$

の証明は一通り終わりました.

間に理論確認を多く入れたので, 順番がむちゃくちゃになっているかも知れません. 順を追って流れを再確認しておきましょう.

≪証明の流れ≫ *

3つの関数

$$\zeta(s) = \sum_{n=1}^\infty \frac{1}{n^s},\ \Phi(s) = \sum_p \frac{\log p}{p^s},\ \theta(x) = \sum_{p \leq x} \log p$$

(s は複素数, x は実数)

について調べたのでした.

$\zeta(s)$, $\Phi(s)$ が $\mathrm{Re}(s) > 0$ で正則な関数なことは, ワイヤシュトラスの M-判定法で広義一様収束を示すことにより, 証明されました.

リーマンのゼータ関数のオイラー積表示

$$\zeta(s) = \prod_p \frac{1}{1 - \frac{1}{p^s}} \quad (\mathrm{Re}(s) > 1)$$

を示すのが（Ⅰ）でした. 無限積の収束条件を, 無限級数で表現できるのでした.

次の（Ⅱ）は, 正則でない2つの関数の差 $\zeta(s) - \frac{1}{s-1}$ が, 正則関数として $\mathrm{Re}(s) > 0$ に拡張できることを示すものでした. これは,

$$\frac{1}{s-1} = \sum_{n=1}^{\infty} \int_n^{n+1} \frac{1}{x^s} dx$$

を導き, 無限級数で表示して,「M-判定法で広義一様収束」の流れでした.

（Ⅲ）では, $\theta(x) = O(x)$ つまり, $|\theta(x)|$ が $|x|$ で押さえられることを示しました. 二項定理を利用し,

$$2^{2n} \geq \Pi p$$

という評価をして，これを利用して丁寧に証明しました．

（Ⅳ） $\mathrm{Re}(s) \geq 1$, $s \neq 1$ に対し，$\zeta(s) \neq 0$ である．また，

$$\Phi(s) - \frac{1}{s-1} \text{ は } \mathrm{Re}(s) \geq 1 \text{ に正則関数として拡張できる．}$$

の証明は難しいものでした．

オイラー積において無限積での対数微分が可能なことを確認したり，（Ⅱ）から分かるローラン展開や留数を利用したりしました．（Ⅰ）を利用して，$\zeta(s)$ と $\Phi(s)$ に関係性が見いだせたのは，非常に印象的な出来事でした．

広義積分 $\int_1^\infty \frac{\theta(x)-x}{x^2} dx$ が収束することを示す（Ⅴ）では，コーシーの積分公式を用いて得られた「定理」を駆使しました．定理の仮定を満たすことの確認に（Ⅲ），（Ⅳ）を使いました．

（Ⅵ）で $\theta(x) \sim x$ を示すために（Ⅴ）と極限の定義のような論証が必要でした．

ここまでの準備のおかげで，素数定理を示す部分は，（Ⅲ），（Ⅵ）と極限の定義により，それなりに簡単になりました．
＊＊＊＊＊＊＊＊＊＊＊＊＊＊＊＊＊＊＊＊＊＊＊＊＊＊＊

7. 素数定理の証明の完結

　ここまでの理論確認と素数定理の証明を通じて，複素解析の考え方を伝えてきました．もちろん，これまでに述べてきたことは，複素解析のほんの一部です．複素積分，テイラー展開などの複素解析の手法によって可能になることは山のようにあります．次章でもう少し応用例を挙げて，本書の締めにします．

8. 複素解析の応用例

8．複素解析の応用例

　複素解析を利用すると，ちょっと変わった計算結果を得ることができます．第8章ではそのような例をいくつか挙げてみます．

$$\zeta(2) = \frac{1}{1^2} + \frac{1}{2^2} + \frac{1}{3^2} + \frac{1}{4^2} + \cdots\cdots = \frac{\pi^2}{6}$$

の証明も与えます(参考文献[1]には，他の例もありますので，興味があるなら，そちらもご覧下さい)．

　まず，広義積分に関する等式

$$\int_0^\infty \frac{\sin x}{x}\,dx = \frac{\pi}{2}$$

を証明しましょう．

　不定積分や有限な範囲の積分は計算できませんが，広義積分だけは

$$\sin x = \frac{e^{ix} - e^{-ix}}{2i}$$

を利用して求めることができるのです．

≪証明≫〜〜〜〜〜〜〜〜〜〜〜〜〜〜〜〜〜〜〜〜〜〜〜

小さい正数 ε と大きい正数 R をとり，図のような半円 2 つと線分からなる曲線 C を考えます．

C に沿った線積分

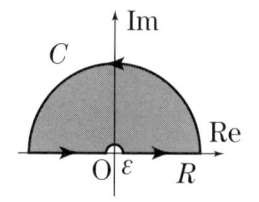

$$\int_C \frac{e^{iz}}{z}\,dz = 0$$

を考えます (被積分関数が C で囲まれる領域内部において正則だから，積分値は 0 です)．

左辺を分割して計算し，$R \to \infty$, $\varepsilon \to 0$ としてみます．

2 つの線分については，

$$z = -x \ (\varepsilon \leqq x \leqq R),\ dz = -dx$$
$$z = x \ (\varepsilon \leqq x \leqq R),\ dz = dx$$

で置換すると，

$$\int_\varepsilon^R \frac{e^{-ix}}{x}(-dx) + \int_\varepsilon^R \frac{e^{ix}}{x}\,dx$$
$$= \int_\varepsilon^R \frac{e^{ix} - e^{-ix}}{x}\,dx$$
$$= 2i \int_\varepsilon^R \frac{\sin x}{x}\,dx$$

となります．

小さな半円を c_ε とおき,

$$\lim_{\varepsilon \to 0}\int_{C_\varepsilon} \frac{e^{iz}}{z}\,dz = -\pi i$$

を示します．

$\dfrac{e^{iz}}{z}$ は $z=0$ のみを極にもち，それは1次の極です．留数は

$$\lim_{z \to 0} z \cdot \frac{e^{iz}}{z} = 1$$

なので,

$$\frac{e^{iz}}{z} = \frac{1}{z} + a_0 + a_1 z + a_2 z^2 + \cdots\cdots$$

とローラン展開可能です．これを積分します．

ベキ級数部分の積分は0になります．それは,

$$z = \varepsilon e^{i\theta}\ (0 \leqq \theta \leqq \pi),\ dz = i\varepsilon e^{i\theta}d\theta$$

と置換すると

$$\begin{aligned}
\int_{C_\varepsilon} z^k\,dz &= \int_\pi^0 \varepsilon e^{i\theta}\,i\varepsilon e^{i\theta}d\theta \\
&= -i\varepsilon^2 \int_0^\pi e^{2i\theta}\,d\theta \\
&= -i\varepsilon^2 \left[\frac{1}{2i}e^{2i\varepsilon}\right]_0^\pi = 0
\end{aligned}$$

となること，および，収束するベキ級数は項別積分が可能なことから分かります．

よって，ローラン展開の状態で積分すると，

$$\lim_{\varepsilon \to 0} \int_{C_\varepsilon} \frac{e^{iz}}{z} dz$$
$$= \lim_{\varepsilon \to 0} \Bigl(\int_{C_\varepsilon} \frac{1}{z} dz + \int_{C_\varepsilon} a_0 \, dz + \int_{C_\varepsilon} a_1 z \, dz$$
$$\qquad + \int_{C_\varepsilon} a_2 z^2 \, dz + \cdots\cdots \Bigr)$$
$$= \lim_{\varepsilon \to 0} \int_{C_\varepsilon} \frac{1}{z} dz + 0$$
$$= \lim_{\varepsilon \to 0} \int_\pi^0 \frac{1}{\varepsilon e^{i\theta}} (i\varepsilon e^{i\theta} d\theta)$$
$$= \lim_{\varepsilon \to 0} \int_0^\pi (-i) \, d\theta$$
$$= -\pi i$$

です．

最後に，大きい半円を C_R とおき，

$$\lim_{R \to \infty} \int_{C_R} \frac{e^{iz}}{z} dz = 0$$

を示します．

$$z = Re^{i\theta} \ (0 \leqq \theta \leqq \pi), \ dz = iRe^{i\theta} d\theta, \ |dz| = R d\theta$$

なので，

$$\left|\int_{C_R} \frac{e^{iz}}{z}\,dz\right| \le \int_{C_R} \left|\frac{e^{iz}}{z}\right||dz|$$

です．ここで，

$$iz = -\operatorname{Im}(z) + i\operatorname{Re}(z)$$
$$\therefore \quad |e^{iz}| = e^{\operatorname{Re}(iz)} = e^{-\operatorname{Im}(z)} = e^{-R\sin\theta}$$

より，

$$\int_{C_R} \left|\frac{e^{iz}}{z}\right||dz| = \int_0^\pi \frac{e^{-R\sin\theta}}{R}\,R\,d\theta = \int_0^\pi e^{-R\sin\theta}\,d\theta$$

です．さらに，$\sin\theta$ の $\theta = \dfrac{\pi}{2}$ に関する対称性と，

$$0 \le \frac{2}{\pi}\theta \le \sin\theta$$

から，

$$\begin{aligned}
\int_0^\pi e^{-R\sin\theta}\,d\theta &= 2\int_0^{\frac{\pi}{2}} e^{-R\sin\theta}\,d\theta \\
&< 2\int_0^{\frac{\pi}{2}} e^{-\frac{2R}{\pi}\theta}\,d\theta \\
&= \left[-\frac{\pi}{R} e^{-\frac{2R}{\pi}\theta}\right]_0^{\frac{\pi}{2}} \\
&= \frac{\pi\left(1 - e^{-R}\right)}{R} \to 0 \quad (R \to \infty)
\end{aligned}$$

となります．よって，

$$\lim_{R\to\infty}\int_{C_R}\frac{e^{iz}}{z}\,dz=0$$

です．

以上から，

$$2i\int_\varepsilon^R \frac{\sin x}{x}\,dx+\int_{C_\varepsilon}\frac{e^{iz}}{z}\,dz+\int_{C_R}\frac{e^{iz}}{z}\,dz=0$$

$$\therefore\quad 2i\int_0^\infty\frac{\sin x}{x}\,dx-\pi i+0=0\ (\varepsilon\to 0,\ R\to\infty)$$

となり，

$$\int_0^\infty\frac{\sin x}{x}\,dx=\frac{\pi}{2}$$

が導かれました．

~~~~~~~~~~~~~~~~~~~~~~~~~~~~~~~~

このように，複素積分を通して始めて計算できる積分があるのです．

次の例では，先ほどの計算中でも登場した"留数"が，重要な役割を果たします．少し思い出しておきましょう．

閉曲線に沿った線積分では，周および内部で，

1) 正則なら積分は 0
2) $(m+1)$ 次の極が 1 個なら積分は定理 6.3 で計算
3) 極が複数個あるときは，各極の周りでの積分を 2) で計算したものの総和

です．定理 6.3 は，コーシーの積分公式の一般化でした．

定理 6.3（コーシーの積分公式の一般化）

複素数平面内の閉曲線 C の周上および内部で正則な関数 $f(z)$ に対し，C で囲まれる領域内の点 α をとると

$$f^{(m)}(\alpha) = \frac{m!}{2\pi i} \int_C \frac{f(z)}{(z-\alpha)^{m+1}} dz \quad (m \text{ は自然数})$$

が成り立つ．

実は，2) の部分は，別の方法をとることができます．O を中心とする半径 r の円を C としたら

$$\int_C \frac{1}{z} dz = 2\pi i, \quad \int_C \frac{1}{z^m} dz = 0 \quad (m \text{ は 2 以上の整数})$$

でした．これは z を $z-\alpha$ に置換しても，0 になります．

一般に，$f(z)$ が m 次の極 $z=\alpha$ をもち，その周りでのローラン展開を

$$f(z) = \frac{a_{-m}}{(z-\alpha)^m} + \cdots\cdots + \frac{a_{-2}}{(z-\alpha)^2} + \frac{a_{-1}}{z-\alpha}$$
$$+ a_0 + a_1(z-\alpha) + a_2(z-\alpha)^2 + \cdots\cdots$$

とします．a_{-1} が留数です．

閉曲線 C の周および内部の $z=\alpha$ 以外で $f(z)$ が正則のとき，項別積分して，

$$\int_C f(z)\,dz = 0 + \cdots\cdots + 0$$
$$+ \int_C \frac{a_{-1}}{z-\alpha}\,dz + 0 + \cdots\cdots + 0$$
$$= 2\pi i a_{-1}$$

となります．よって，

『積分を計算することは，留数を求めること』

なのです．

1次の極での留数は，以下のような計算で求めるのでした：

$$a_{-1} = \lim_{z \to \alpha}(z-\alpha)f(z)$$

《一般的な極での留数を求める方法は？》

193

一般に，m 次の極では，両辺に $(z-\alpha)^m$ をかけた

$$(z-\alpha)^m f(z) = a_m + \cdots\cdots + a_{-1}(z-\alpha)^{m-1} + \cdots\cdots$$

の $(z-\alpha)^{m-1}$ の係数なので，$(m-1)$ 回微分して $z \to \alpha$ とすれば，(留数)×$(m-1)!$ になります.

$$a_{-1} = \frac{1}{(m-1)!} \lim_{z \to \alpha} \frac{d^{m-1}}{dx^{m-1}} \{(z-\alpha)^m f(z)\}$$

いまの事実を踏まえると，3) はもっとシンプルに表現できます.

3) 極が複数個あるとき，各極での (留数)×$2\pi i$ の総和

これを利用して

$$\zeta(2) = \frac{1}{1^2} + \frac{1}{2^2} + \frac{1}{3^2} + \frac{1}{4^2} + \cdots\cdots = \frac{\pi^2}{6}$$

を導くことが，本書のラストテーマとなります.

cot (コタンジェント，余接) という関数

$$\cot z = \frac{\cos z}{\sin z}$$

を利用して証明します.

≪証明≫~~~~~~~~~~~~~~~~~~~~~~~~~~

$\sin z$ の零点

$$z = n\pi \ (n = 0, \ \pm 1, \ \pm 2, \ \cdots\cdots)$$

が $\cot z$ の極になります．これらは1次の極で，留数が1になります．なぜなら，

$$\lim_{z \to n\pi} (z - n\pi) \cot z = 1$$

を確認すれば良いのですが，n が偶数のとき，

$$\begin{aligned}
\lim_{z \to n\pi} (z - n\pi) \cot z &= \lim_{z \to n\pi} (z - n\pi) \frac{\cos(z - n\pi)}{\sin(z - n\pi)} \\
&= \lim_{\theta \to 0} \frac{\theta}{\sin \theta} \cdot \cos \theta \ (\theta = z - n\pi) \\
&= 1 \cdot \cos 0 = 1
\end{aligned}$$

となりますし，n が奇数のときも，

$$\begin{aligned}
\lim_{z \to n\pi} (z - n\pi) \cot z &= \lim_{z \to n\pi} (z - n\pi) \frac{-\cos(z - n\pi)}{-\sin(z - n\pi)} \\
&= \lim_{\theta \to 0} \frac{\theta}{\sin \theta} \cdot \cos \theta \ (\theta = z - n\pi) \\
&= 1 \cdot \cos 0 = 1
\end{aligned}$$

となるからです．これで $\cot z$ の各極での留数が分かりました．

これを踏まえて次の積分をやってみましょう．

図のような，原点が中心で，1辺の長さが $2m\pi + \pi \, (=2R \text{ とおく})$ の正方形を C とします (m は十分大きい自然数).

$\cot z$ の極でない C 内部の定点 α をとり，C に沿った線積分

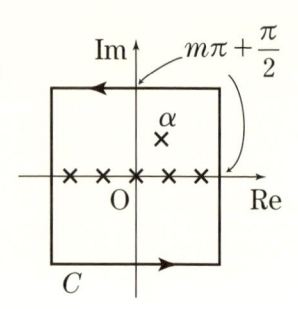

$$\frac{1}{2\pi i}\int_C \frac{\cot z}{z-\alpha}dz$$

を考えます.

被積分関数の極は，$\cot z$ の極と α です.

$$\lim_{z\to\alpha}(z-\alpha)\frac{\cot z}{z-\alpha}=\cot\alpha,$$
$$\lim_{z\to n\pi}(z-n\pi)\frac{\cot z}{z-\alpha}=\frac{1}{n\pi-\alpha}$$
$$(n=0, \pm1, \pm2, \cdots\cdots)$$

が各極での留数なので，積分は

$$\begin{aligned}&\frac{1}{2\pi i}\int_C \frac{\cot z}{z-\alpha}dz\\&=\cot\alpha-\frac{1}{\alpha}+\frac{1}{\pi-\alpha}+\frac{1}{-\pi-\alpha}+\frac{1}{2\pi-\alpha}+\frac{1}{-2\pi-\alpha}\\&\quad+\cdots\cdots+\frac{1}{m\pi-\alpha}+\frac{1}{-m\pi-\alpha}\end{aligned}$$

です.

8．複素解析の応用例

右辺を少し計算すると，

$$\frac{1}{2\pi i}\int_C \frac{\cot z}{z-\alpha}dz$$
$$=\cot\alpha-\frac{1}{\alpha}+\left(\frac{1}{\pi-\alpha}+\frac{1}{-\pi-\alpha}\right)+\left(\frac{1}{2\pi-\alpha}+\frac{1}{-2\pi-\alpha}\right)$$
$$+\cdots\cdots+\left(\frac{1}{m\pi-\alpha}+\frac{1}{-m\pi-\alpha}\right)$$
$$=\cot\alpha-\frac{1}{\alpha}+\frac{-\pi-\alpha+\pi-\alpha}{(\pi-\alpha)(-\pi-\alpha)}+\frac{-2\pi-\alpha+2\pi-\alpha}{(2\pi-\alpha)(-2\pi-\alpha)}$$
$$+\cdots\cdots+\frac{-m\pi-\alpha+m\pi-\alpha}{(m\pi-\alpha)(-m\pi-\alpha)}$$
$$=\cot\alpha-\frac{1}{\alpha}$$
$$+2\alpha\left(\frac{1}{\pi^2-\alpha^2}+\frac{1}{4\pi^2-\alpha^2}+\cdots\cdots+\frac{1}{m^2\pi^2-\alpha^2}\right)$$

となります．

次は，左辺 $\dfrac{1}{2\pi i}\int_C \dfrac{\cot z}{z-\alpha}dz$ の $m\to\infty$ での極限が 0 になることを示します．

正方形の縦の辺では，

$$z=\pm R+yi\ (-R\leqq y\leqq R)$$

です．このとき，

$$\cot z=\cot\left(\pm m\pi+\frac{\pi}{2}+yi\right)=-\tan(yi)$$

197

なので，オイラーの公式から得られる関係式

$$e^{ix} = \cos x + i\sin x, \ e^{-ix} = \cos x - i\sin x$$
$$\therefore \quad \cos x = \frac{e^{ix} + e^{-ix}}{2}, \ \sin x = \frac{e^{ix} - e^{-ix}}{2i}$$

を利用して絶対値を評価すると，

$$|\cot z| = \left|-\frac{\sin(yi)}{\cos(yi)}\right| = \left|\frac{\frac{e^{i(yi)} - e^{-i(yi)}}{2i}}{\frac{e^{i(yi)} + e^{-i(yi)}}{2}}\right| = \left|\frac{e^y - e^{-y}}{e^y + e^{-y}}\right| < 1$$

です．

次に，正方形の横の辺では，

$$z = x \pm Ri \ (-R \leqq x \leqq R)$$

です．このとき，

$$|\cot z| = |\cot(x \pm Ri)| = \left|\frac{\cos(x \pm Ri)}{\sin(x \pm Ri)}\right|$$
$$= \left|\frac{e^{i(x \pm Ri)} + e^{-i(x \pm Ri)}}{e^{i(x \pm Ri)} - e^{-i(x \pm Ri)}}\right| = \left|\frac{e^{ix \mp R} + e^{-ix \pm R}}{e^{ix \mp R} - e^{-ix \pm R}}\right|$$
$$\leqq \frac{\left|e^{ix \mp R}\right| + \left|e^{-ix \pm R}\right|}{\left||e^{ix \mp R}| - |e^{-ix \pm R}|\right|} = \frac{e^R + e^{-R}}{e^R - e^{-R}}$$

となります．

最後の部分は $R \to \infty$ での極限が 1 なので，十分大きい R

に対しては

$$|\cot z| < 2$$

となっています (1 に十分近い数として 2 を選びました).

よって, C 上 (縦線上でも横線上でも) のすべての z で,

$$|\cot z| < 2$$

が成り立ちます.

これを利用したいのですが, そのままでは使えないので, 考えるべき積分を

$$\frac{1}{z} + \frac{\alpha}{z(z-\alpha)} = \frac{z-\alpha+\alpha}{z(z-\alpha)} = \frac{1}{z-\alpha}$$
$$\therefore \quad \int_C \frac{\cot z}{z-\alpha} dz = \int_C \frac{\cot z}{z} dz + \alpha \int_C \frac{\cot z}{z(z-\alpha)} dz$$

と変形しておきます.

右辺の 1 つ目の積分は, 被積分関数が

$$\frac{\cot(-z)}{(-z)} = \frac{-\cot z}{-z} = \frac{\cot z}{z}$$

となる (つまり, 偶関数) ことと, C が原点対称な積分経路になっていることから, 計算結果は 0 にな

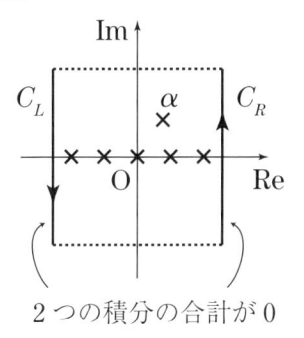

2 つの積分の合計が 0

ります (左右の縦線に沿った積分が打ち消し合い, 上下の横線に沿った積分が打ち消し合います). 実際, 縦線の方は

$$\int_{C_R} \frac{\cot z}{z} dz$$
$$= \int_{-R}^{R} \frac{\cot(R+yi)}{R+yi} (idy)$$
$$= \int_{R}^{-R} \frac{\cot(R-ti)}{R-ti} (-idt) \quad (t=-y)$$
$$= -\int_{R}^{-R} \frac{\cot(-R+ti)}{-R+ti} (idt) \quad \left(\because \ \frac{\cot z}{z} = \frac{\cot(-z)}{-z}\right)$$
$$= -\int_{C_L} \frac{\cot z}{z} dz$$

となっています.

では, 話を戻しましょう.

$\frac{1}{2\pi i} \int_C \frac{\cot z}{z-\alpha} dz$ の $m \to \infty$ での極限が 0 になることを示したいのでした. 絶対値をとって評価していきましょう.

被積分関数の変更, $|\cot z| < 2$, $|z| \geqq R$ の代入に加え, 積分経路 C の長さが

$$\int_C |dz| = 8R$$

であることも利用します.

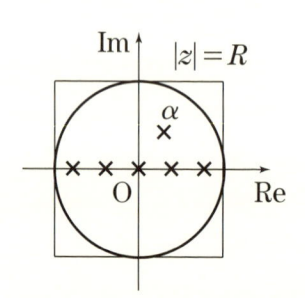

$$\left| \frac{1}{2\pi i} \int_C \frac{\cot z}{z-\alpha} \, dz \right|$$

$$= \left| \frac{1}{2\pi i} \int_C \frac{\cot z}{z} \, dz + \frac{\alpha}{2\pi i} \int_C \frac{\cot z}{z(z-\alpha)} \, dz \right|$$

$$= \left| 0 + \frac{\alpha}{2\pi i} \int_C \frac{\cot z}{z(z-\alpha)} \, dz \right|$$

$$\leqq \frac{|\alpha|}{2\pi} \int_C \left| \frac{\cot z}{z(z-\alpha)} \right| |dz|$$

$$< \frac{|\alpha|}{2\pi} \int_C \frac{2}{|z(z-\alpha)|} |dz|$$

$$< \frac{|\alpha|}{\pi} \cdot \frac{1}{R(R-|\alpha|)} \int_C |dz|$$

$$= \frac{|\alpha|}{\pi R(R-|\alpha|)} \cdot 8R$$

$$= \frac{8|\alpha|}{\pi(R-|\alpha|)} \to 0 \ (m \to \infty, \ R \to \infty)$$

となります．これで，

$$\lim_{m \to \infty} \frac{1}{2\pi i} \int_C \frac{\cot z}{z-\alpha} \, dz = 0$$

となることが分かりました．

よって，固定した α について，

$$\cot \alpha - \frac{1}{\alpha} + 2\alpha \Big(\frac{1}{\pi^2 - \alpha^2} + \frac{1}{4\pi^2 - \alpha^2} + \cdots\cdots \Big) = 0$$

となることが分かりました．これは極以外で成り立つので，

201

$$\cot z = \frac{1}{z} - 2z \sum_{n=1}^{\infty} \frac{1}{n^2\pi^2 - z^2}$$

と書き直すことができます($\cot z$の部分分数分解といいます).

さらに変形していきます.

$$\sum_{n=1}^{\infty} \frac{1}{n^2\pi^2 - z^2} = \frac{1}{2z}\left(\frac{1}{z} - \cot z\right)$$

とできて,

$$\begin{aligned}
\frac{1}{2z}\left(\frac{1}{z} - \cot z\right) &= \frac{\sin z - z\cos z}{2z^2 \sin z} \\
&= \frac{1}{2z^2 \sin z}\left\{\left(z - \frac{1}{3!}z^3 + \frac{1}{5!}z^5 + \cdots\cdots\right)\right. \\
&\qquad\qquad \left. - z\left(1 - \frac{1}{2!}z^2 + \frac{1}{4!}z^4 + \cdots\cdots\right)\right\} \\
&= \frac{z}{2\sin z}\left(\frac{1}{3} - \frac{4}{5!}z^2 + \cdots\cdots\right) \\
&\to \frac{1}{6} \ (z \to 0)
\end{aligned}$$

なので,左辺も $z \to 0$ の極限をとって

$$\sum_{n=1}^{\infty} \frac{1}{n^2\pi^2} = \frac{1}{6}$$

$$\therefore \ \zeta(2) = \frac{1}{1^2} + \frac{1}{2^2} + \frac{1}{3^2} + \frac{1}{4^2} + \cdots\cdots = \frac{\pi^2}{6}$$

です.これで証明完了です.

~~~~~~~~~~~~~~~~~~~~~~~~~~~~~~~

これで，本書の目的はすべて達成されました．

複素解析によって得られる結果は，どれも興味深いものでした．参考文献 [1] では，さらに $\cot z$ のテイラー展開を利用して，

$$\zeta(4),\ \zeta(6),\ \zeta(8),\ \cdots\cdots$$

などを計算しています．興味があれば，ぜひ，参照してください．

おわりに

　ある生徒から本書のもとになる論文の存在を教えられたことからスタートした企画でしたので，高校生に「複素解析の考え方を，素数定理の証明を通して伝えたい」という思いが執筆のキッカケでした．「素数定理を示す」という明確な目標を掲げれば，複素解析の雰囲気を理解してもらうための動機付けになると考えたのです．

　大学生になってちゃんと勉強するときの助けになれば，嬉しいことです．また，「十分に複素解析を勉強できないまま大人になった人にも，再び複素解析に触れてもらえたらな」と考えるようになりました．

　そのような目的は達成できたと思っていますが，残念ながら，本書は完全なる数学書とは言えません．分かりやすさを重視するあまり，論理の流れが狂っている部分もあります．ですので，本書を通じて複素解析に興味をもっていただけたなら，ぜひ，専門書で勉強してみてください．

　本格的に複素解析を勉強すると，専門書と本書の理論構築の流れが大きく異なることに驚くかも知れません．また，「専門書に書かれた公式は一体何のために存在するのか？」ということが知りたいときに，本書を見返してください．ただし，本書で扱った内容は，複素解析のごく一部ですので，「リーマ

ン面」とか「等角写像」とか，新しい言葉も沢山登場すると思います．その際は，本書執筆時に私が行ったように，「自分の手で具体例への当てはめ」をしてみてください．それが真の理解につながるはずです．

　一人でも多くの人が，複素解析と素数定理に興味をもってもらえたら幸いです．

研伸館　数学科

吉田　信夫

研伸館（けんしんかん）

　1978年，株式会社アップ(http://www.up-edu.com)の大学受験予備校部門として発足(兵庫県西宮市).

　2011年現在，西宮校，川西校，三田校，上本町校，住吉校，阪急豊中校，学園前校，高の原校，西大寺校，京都校の10校舎を関西地区に展開．東大・京大・阪大・神戸大などの難関国公立大学や早慶関同立などの難関私立へ毎年多くの合格者を輩出する現役高校生対象の予備校として，関西地区で圧倒的な支持を得ている．

http://www.kenshinkan.net

著者紹介：

吉田　信夫（よしだ・のぶお）

1977年　広島で生まれる
1999年　大阪大学理学部数学科卒業
2001年　大阪大学大学院理学研究科数学専攻修士課程修了
　2001年より，研伸館にて，主に東大・京大・医学部などを志望する中高生への大学受験数学を指導する．そのかたわら，「大学への数学」，「理系への数学」などでの執筆活動も精力的に行う．
　著書として『大学入試数学での微分方程式練習帳』(現代数学社2010),『ガウスとオイラーの整数論』(技術評論社2011)がある．

複素解析の神秘性
　～複素数で素数定理を証明しよう！～

2011年10月5日　初版1刷発行

編　集	株式会社　アップ　研伸館	
著　者	吉田　信夫	
検印省略 発行者	富田　淳	
発行所	株式会社　現代数学社	

〒606-8425　京都市左京区鹿ヶ谷西寺ノ前町1
TEL&FAX 075 (751) 0727　振替 01010-8-11144
http://www.gensu.co.jp/

ⓒ up, 2011
Printed in Japan　印刷・製本　モリモト印刷株式会社

ISBN978-4-7687-0416-5　　落丁・乱丁はお取替え致します．